武汉大学优秀博士学位论文文库

氧化应激状态下维持黑素小体蛋白低免疫原性的分子机制研究

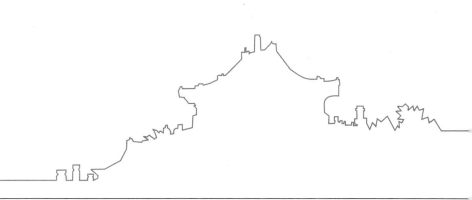

刘小明　著

WUHAN UNIVERSITY PRESS
武汉大学出版社

图书在版编目(CIP)数据

氧化应激状态下维持黑素小体蛋白低免疫原性的分子机制研究/刘小明著. —武汉：武汉大学出版社,2014.1
武汉大学优秀博士学位论文文库
ISBN 978-7-307-12330-4

Ⅰ.氧… Ⅱ.刘… Ⅲ.蛋白质—免疫原性—分子机制—研究 Ⅳ.Q51

中国版本图书馆 CIP 数据核字(2013)第 312627 号

责任编辑:任 翔　　责任校对:汪欣怡　　版式设计:马 佳

出版发行：**武汉大学出版社** (430072 武昌 珞珈山)
(电子邮件：cbs22@whu.edu.cn 网址：www.wdp.com.cn)
印刷:湖北恒泰印务有限公司
开本：720×1000 1/16 印张:6.75 字数:91 千字 插页:2
版次:2014 年 1 月第 1 版 2014 年 1 月第 1 次印刷
ISBN 978-7-307-12330-4 定价:18.00 元

总　　序

创新是一个民族进步的灵魂，也是中国未来发展的核心驱动力。研究生教育作为教育的最高层次，在培养创新人才中具有决定意义，是国家核心竞争力的重要支撑，是提升国家软实力的重要依托，也是国家综合国力和科学文化水平的重要标志。

武汉大学是一所崇尚学术、自由探索、追求卓越的大学。美丽的珞珈山水不仅可以诗意栖居，更可以陶冶性情、激发灵感。更为重要的是，这里名师荟萃、英才云集，一批又一批优秀学人在这里砥砺学术、传播真理、探索新知。一流的教育资源，先进的教育制度，为优秀博士学位论文的产生提供了肥沃的土壤和适宜的气候条件。

致力于建设高水平的研究型大学，武汉大学素来重视研究生培养，是我国首批成立有研究生院的大学之一，不仅为国家培育了一大批高层次拔尖创新人才，而且产出了一大批高水平科研成果。近年来，学校明确将“质量是生命线”和“创新是主旋律”作为指导研究生教育工作的基本方针，在稳定研究生教育规模的同时，不断推进和深化研究生教育教学改革，使学校的研究生教育质量和知名度不断提升。

博士研究生教育位于研究生教育的最顶端，博士研究生也是学校科学研究的重要力量。一大批优秀博士研究生，在他们学术创作最激情的时期，来到珞珈山下、东湖之滨。珞珈山的浑厚，奠定了他们学术研究的坚实基础；东湖水的灵动，激发了他们学术创新的无限灵感。在每一篇优秀博士学位论文的背后，都有博士研究生们刻苦钻研的身影，更有他们的导师的辛勤汗水。年轻的学者们，犹如在海边拾贝，面对知识与真理的浩瀚海洋，他们在导师的循循善诱下，细心找寻着、收集着一片片靓丽的贝壳，最终把它们连成一串串闪闪夺目的项链。阳光下的汗水，是他们砥砺创新的注脚；面向太阳的远方，是他们奔跑的方向；导师们的悉心指点，则是他们最值得依赖的臂膀！

博士学位论文是博士生学习活动和研究工作的主要成果，也是学校研究生教育质量的凝结，具有很强的学术性、创造性、规范性和专业性。博士学位论文是一个学者特别是年轻学者踏进学术之门的标志，很多博士学位论文开辟了学术领域的新思想、新观念、新视阈和新境界。

据统计，近几年我校博士研究生所发表的高质量论文占全校高水平论文的一半以上。至今，武汉大学已经培育出 18 篇“全国百篇优秀博士学位论文”，还有数十篇论文获“全国百篇优秀博士学位论文提名奖”，数百篇论文被评为“湖北省优秀博士学位论文”。优秀博士结出的累累硕果，无疑应该为我们好好珍藏，装入思想的宝库，供后学者慢慢汲取其养分，吸收其精华。编辑出版优秀博士学位论文文库，即是这一工作的具体表现。这项工作既是一种文化积累，又能助推这批青年学者更快地成长，更可以为后来者提供一种可资借鉴的范式亦或努力的方向，以鼓励他们勤于学习，善于思考，勇于创新，争取产生数量更多、创新性更强的博士学位论文。

武汉大学即将迎来双甲华诞，学校编辑出版该文库，不仅仅是为百廿武大增光添彩，更重要的是，当岁月无声地滑过 120 个春秋，当我们正大踏步地迈向前方时，我们有必要回首来时的路，我们有必要清晰地审视我们走过的每一个脚印。因为，铭记过去，才能开拓未来。武汉大学深厚的历史底蕴，不仅仅在于珞珈山的一草一木，也不仅仅在于屋檐上那一片片琉璃瓦，更在于珞珈山下的每一位学者和学生。而本文库收录的每一篇优秀博士学位论文，无疑又给珞珈山注入了新鲜的活力。不知不觉地，你看那珞珈山上的树木，仿佛又茂盛了许多！

李晓红

2013 年 10 月于武昌珞珈山

论文创新点

酪氨酸酶(tyrosinase，Tyr)、酪氨酸酶相关蛋白-1(tyrosinase-related protein1，Tyrp1)和多巴色素异构酶(dopachrome tautomerase，Dct)三种黑素生成蛋白在黑素小体内组成一多酶复合体结构，共同参与对黑素生成代谢途径的调控，影响着生成黑素的质和量。除位于黑素生成代谢起始步骤的限速酶 Tyr 外，Dct 被认为是位于 Tyr 下游的一个关键调节靶点，它能催化多巴色素异构重排生成5，6-二羟基吲哚羧酸(DHICA)，瞬时清除中间产物所诱生的活性氧基，在 Dct 酶缺乏时多巴色素快速则自发脱羧生成5，6-二羟基吲哚(DHI)和大量活性氧基(reactive oxygen species，ROS)。

最近研究显示，经 Dct 基因转染的 WM35 黑素瘤细胞能显著提高细胞自身对氧化应激(oxidative stress)的抵抗，减少 ROS 诱导的 DNA 损伤。高水平 Dct 基因表达的黑素瘤细胞克隆较低水平表达的细胞克隆表现更明显对 UVB 照射和离子辐射的抵抗。Dct 在心肌细胞部位的异位表达，甚至可能有助于增加房性心律失常的易感性。稳定和可溶性的 DHICA 单体吲哚分子可作为化学信使在皮肤炎症与免疫反应中介导黑素细胞与巨噬细胞之间的相互作用。显然，Dct 的生物学功能除了调节 DHICA 介导的抗氧化外，还可能与黑素细胞对环境氧化应激的抵抗及免疫损伤密切相关。

小鼠 Dct 基因编码区第194位精氨酸被谷氨酰胺置换(R194Q)发生 slaty 突变(Dct^{slt})，突变 Dct 酶蛋白的金属结合区域(metal-binding domain A)丧失与二价锌离子的结合能力，其酶活性仅为野生型的36%，slaty 小鼠表型出现明显的被膜颜色稀释。在本研究中，我们从 Dct 突变 slaty 小鼠背部皮肤培养黑素细胞，利用蔗糖梯度离心分离黑素小体蛋白，并以此为模型对 Dct 介导的抗氧化在维持黑素小体蛋白低免疫原性中的作用进行了研究。因此，本文的创新点在于：

1. 运用蔗糖梯度离心分离不同时期 Dct 突变 slaty MC 和野生型 melan-a MC 黑素小体蛋白，并对这两种黑素细胞衍生的早期和晚期黑素小体蛋白的免疫原性进行了比较分析，发现自 slaty MC 蔗糖梯度离心分离的晚期黑素小体蛋白表现为明显的免疫原性增强。

2. 通过给予 slaty MC 晚期黑素小体蛋白以过氧化氢（hydrogen peroxide，H_2O_2）处理后，观察其免疫原性的改变，发现 slaty MC 晚期黑素小体蛋白对氧化应激更为敏感，证实了黑素小体蛋白发生氧化修饰可能为其免疫耐受破坏的先决条件之一。

3. 通过体外合成 DHI-优黑素和 DHI/DHICA（1∶1）-优黑素，分别与晚期黑素小体蛋白孵育，并观察其在氧化应激状态下所诱导的体液和细胞免疫反应能力，证实了 DHICA 介导的抗氧化作用在维持黑素小体蛋白低免疫原性中发挥着重要作用。

摘　　要

研究背景及目的：

黑素为一组单体吲哚分子(DHI-优黑素和DHICA-优黑素)，通过共价键连接，并与醌和蛋白质高度聚合而形成的一种异质性聚合物(heterogeneous copolymers)。这两种吲哚分子能以不同比例相互交联(cross-linked)，在共聚合过程中形成π-堆叠(π-stacked)层状的大分子网络系统。在黑素生成过程中，多个黑素生成蛋白参与对黑素生成代谢的调控，共同影响着黑素生成的质与量。其中，Tyr可催化L-酪氨酸羟化生成L-多巴和L-多巴氧化生成L-多巴醌，为黑素生成的限速酶。另一个重要的调节靶点是Dct催化多巴色素异构重排生成5，6-二羟基吲哚羧酸(DHICA)，然而DHICA自身并不能发生聚合，只有在DHI和Tyr存在时，DHICA才被掺入到黑素聚合物中，否则多巴色素快速自发脱羧生成5，6-二羟基吲哚(DHI)和大量ROS。已有研究证实，三种黑素生成蛋白(Tyr、Tyrp1和Dct)在黑素小体内组成一多酶复合体结构，目的是提高黑素生化合成效率，维持酶蛋白自身的稳定和最大限度减少中间产物的细胞毒性。

在多酶复合体中，Dct被认为是一种原位实时氧化应激清除剂(realtime scavenger)，它能瞬时清除中间产物所诱生的活性氧基，通过调节DHI/DHICA比例，动态影响着黑素生成和吲哚分子的生物聚合速率，从而调整黑素细胞对UVR的防护能力，最终使皮肤黑素生成增加。此外在黑素生化反应过程中，黑素小体内部近似于封闭的结构被认为是黑素细胞最大程度地减少黑素前体物质细胞毒性的一种防护策略。黑素小体蛋白极有可能被包被于黑素小体的各个球形实体的内核中，形成“盾样”屏障结构，以保护蛋白免遭氧化攻击。与此同时，黑素细胞还拥有强大的酶和非酶抗氧化防护机制（如谷胱甘肽过氧化物酶、过氧化氢酶、Fenton 反应等），以瞬时清除中间产物诱生的活性氧基，使黑素细胞和黑素小体蛋白免遭损伤。然而，对黑素小体蛋白与黑素聚合物之间的相互作用及其在高和或持续的氧化应激状态下，是如何免遭氧化应激损伤，以维持其低免疫原性的机制仍知之甚少。

体内外研究已证实过氧化氢（H_2O_2）在白癜风患者表皮内大量堆积，甚至高达毫摩尔浓度。且在白癜风患者进展期皮损和/或血清中，已检测到的多种抗黑素小体蛋白的自身抗体和 T 淋巴细胞表达异常。功能性的黑素细胞障碍或缺失被认为是黑素小体蛋白自身反应 T 细胞或自身抗体介导的一种免疫反应。然而，白癜风黑素细胞 Dct 基因的功能调节失调和分子损伤机制是如何发生的，免疫系统是如何识别这些黑素小体内膜上隐蔽的抗原表位肽，黑素小体蛋白免疫耐受的状态又是如何遭到破坏的，至今仍未清楚。新近研究发现，在一定浓度 H_2O_2 作用下，甲状腺球蛋白可发生断裂，生成具有免疫反应性的多肽，这些多肽还能被桥本氏甲状腺炎病人血清中抗甲状腺球蛋白自身抗体所识别。因此我们推测，激发对黑素细胞的免疫破坏的始动因素可能为：（1）白癜风黑素细胞很可能在清除黑素生成中间产物及活性氧基方面存在一定缺陷，大量生成的活性氧基分子（尤其是 H_2O_2）可对已发生聚合的黑素进行高强度的攻击，导致黑素聚合物中吲哚单位发生氧化断裂，使内部隐蔽的抗原表位肽暴露；（2）与吲哚单位相连的黑素小体蛋白发生断裂，生成具有免疫反应性的多肽如未能即使清除，则氧化修饰后的蛋白片段可能成为半抗原，具有强的免疫原性；（3）多巴色素异构酶（Dct）灭活使 DHICA/DHI 吲哚单位遭到破坏，丧失其抗氧化能力，甚至可能会表现为促氧化作用。

体内直接研究 Dct 调控的氧化应激改变对黑素小体蛋白免疫原性影响的早期上游事件十分困难，部分原因是由于 Dct 在黑素小体内与其他黑素生成蛋白密切结合形成多酶复合物结构。因此在本研究中，我们应用蔗糖梯度离心法从 Dct 突变 slaty MC（第 194 位精氨酸被谷氨酰胺置换，R194Q）和野生型 melan-a MC 分离不同时期的黑素小体蛋白，并将这些蛋白免疫小鼠的后脚垫，体内测定这两种黑素细胞衍生的黑素小体蛋白的免疫原性以及不同氧化应激状态对其免疫原性的影响，以期揭示白癜风黑素细胞黑素小体膜上的这些自身蛋白抗原免疫耐受状态破坏的分子机制和激发抗黑素细胞自身免疫反应的始动事件。

研究方法与结果：

1）Dct 突变 slaty MC 和野生型 melan-a MC 内黑素生成相关蛋白酶活性及 ROS 水平测定：分光光度计法测定 Dct 突变 slaty MC 和野生型 melan-a MC 内 Tyr（主要是多巴氧化酶）、Dct 和过氧化氢酶活力。二氯荧光素（H_2DCF-DA）标记法测定两种 MC 在经 100μmol/L H_2O_2处理前后胞内 ROS 水平的变化。结果显示，与 melan-a MC 相比，slaty MC Dct 酶活力明显减低，而 Tyr、过氧化氢酶活性在两组 MC 之间差异无统计学意义（$P>0.05$）。细胞内 ROS 水平测定结果显示，H_2O_2处理前，slaty MC 和 melan-a MC 胞内的 ROS 相对荧光强度分别为 6.33±0.17 和 5.42±0.14，但处理后，slaty MC 胞内的 ROS 相对荧光强度（18.29±0.54）急剧增加，与 melan-a MC（9.14±0.28）相比，差异具有统计学意义（$P<0.05$）。

2）蔗糖梯度离心分离 Dct 突变 slaty MC 和野生型 melan-a MC 黑素小体超微结构及其蛋白表达水平测定：将 Dct 突变 slaty MC 和野生型 melan-a MC 分别用 0.25% 胰酶/0.02% EDTA 消化，收获细胞后将细胞团块匀浆，蔗糖梯度离心分离黑素小体。蔗糖浓度梯度分别为 1.0、1.2、1.4、1.5、1.6、1.8 和 2.0mol/L，取 1.0～1.2mol/L 和 1.6～1.8mol/L 梯度界面行透射电子显微镜（TEM）观察黑素小体发育与成熟。分光光度计法和 Western Blot 蛋白印迹技术测定蔗糖梯度离心片段三种酪氨酸酶家族蛋白酶活性和蛋白表达水平。结果发现，两种 MC 匀浆团块颜色分别为棕褐色和奶黄色。蔗糖梯度离心后，可见离心条带分别位于 1.0、1.2、1.4、1.6、1.8 和 2.0mol/L 蔗糖界面上层。透射电子显微镜观察发现，1.2～1.4mol/L 层蔗糖片段主要富含呈球形或卵圆形的 I-II 期黑素小体（早期黑素小体），1.6～1.8mol/L 层蔗糖片段主要富含以黑素沉积在纤维状横嵴上为主的 III-IV 期黑素小体（晚期黑素小体），与离心分离的 melan-a MC 1.6 ~ 1.8mol/L 层蔗糖片段相比，slaty MC 1.6 ~ 1.8mol/L 层蔗糖片段则主要为 III 期黑素小体。Western Blot 蛋白印迹结果显示，slaty MC 晚期，黑素小体蛋白 Dct 活性明显减低，与 melan-a MC 晚期黑素小体蛋白相比，差异具有统计学意义（$P<0.05$），而酪氨酸酶活性则在两组黑素小体蛋白之间变化不明显。

3）实验小鼠分组及免疫：将 CB6F1（BABL/C × C57BL/6 杂交 F1 代，HLA 单倍型为 $H^{2d\times 2b}$）小鼠分笼饲养，分别给予 3 种因素处理黑素小体蛋白后免疫小鼠，比较其免疫原性的改变：(1)将两种 MC 分别用 100 μmol/L H_2O_2处理 1h，蔗糖梯度离心分离早期和晚期黑素小体蛋白，测定黑素在维持黑素小体蛋白低免疫原性中所发挥的作用；(2)将合成的 DHI-优黑素和 DHICA-优黑素分别与蔗糖梯度离心分离的两种 MC 晚期黑素小体蛋白进行孵育，经 H_2O_2 处理后来测定其抗氧化保护能力；(3)将蔗糖梯度离心分离的两种 MC 晚期黑素小体蛋白分别经 H_2O_2处理，验证是否为 Dct 突变 slaty MC 晚期黑素小体蛋白对氧化应激更为敏感。另以 OVA 作为阳性对照。结果发现，黑素小体蛋白(50 μg)与等体积的弗氏完全佐剂(CFA)乳化皮下注射小鼠脚垫与鼠尾根部一周后，肉眼可见小鼠免疫侧后肢沿脚垫向上逐渐肿胀。3 周后，动物处死分离区域引流淋巴结时也发现，小鼠腹股沟、肋肋引流淋巴结及脾脏明显肿大。

4）氧化应激及合成的 DHI/DHICA(1∶1)-优黑素对黑素小体蛋白免疫原性的影响：将 T 淋巴细胞分离后盼蓝染色计数，接种相同数目的 T 淋巴细胞至 96 孔板(1 × 105/孔)，加入终浓度分别为 0.3、1、3、10、30 μg/mL 的同等黑素小体蛋白，于 37°C、5% CO_2 共同孵育 2 天。每孔加入 1 uCi ^{3}H-TdR 继续培养 14 ~ 16h，多头样品细胞收集器收集细胞，用^{3}H-TdR 掺入法测定黑素小体蛋白对 T 细胞的回忆增殖反应。用相同黑素小体蛋白包被酶标板，ELISA 法测定抗黑素小体蛋白抗体的终点稀释滴度。显微镜下观察发现，自 H_2O_2处理的 slaty MC 分离获得的晚期黑素小体蛋白较早期黑素小体蛋白 T 淋巴细胞克隆体积增大，胞浆增多而深染，多呈圆形或椭圆形；与 DHI/DHICA(1∶1)-优黑素孵育的 slaty MC 晚期黑素小体蛋白较 DHI-优黑素孵育组 T 淋巴细胞克隆数目明显减少，单个克隆体积变小；而与 melan-a MC 晚期黑素小体蛋白相比，slaty MC 晚期黑素小体蛋白经 H_2O_2处理后较同等蛋白对照组 T 淋巴细胞克隆数目增多，单个克隆体积增大。^{3}H-TdR 掺入法和 ELISA 法测定结果也显示，晚期黑素小体蛋白尤其是 slaty MC 晚期黑素小体蛋白表现为明显的免疫原性增强；与 DHI-优黑素孵育的晚期黑素小体蛋白可明显诱导 T 细胞增殖反应增强和特异性抗晚期黑素小体蛋白血清 IgG 滴度增高；而且与 melan-a MC 相比，从 slaty MC 分离的晚期黑素小体蛋白对氧化应激更为敏感，表现为 T 淋巴细胞回忆增殖反应增强和特异性抗晚期黑素小体蛋白血清 IgG 滴度增高。

研究结论：

Dct 通过促进一定比例的 DHICA 单体掺入到 DHI 聚合骨架中，影响着黑素的抗氧化能力，从而在维持黑素小体蛋白低免疫原性中发挥着重要的作用。而 Dct 突变则严重影响晚期黑素小体的发育成熟，同时致 DHICA-优黑素合成减少，ROS 清除能力减低，尤其是细胞在氧化应激状态下更为明显。slaty 突变（Dct 基因编码区第 194 位精氨酸被谷氨酰胺置换（R194Q））严重影响 Dct 蛋白立体结构和黑素生成蛋白复合体的稳定性，在持续或高氧化应激状态下，黑素小体蛋白可发生氧化修饰，使部分的隐蔽抗原表位暴露，增强黑素小体蛋白免疫原性。

关键词：黑素小体；多巴色素异构酶；突变；氧化应激；免疫原性；白癜风

Abstract

Backgrounds and Objetives

Eumelanin consists of one group of monomer indoles (DHI-Eumelanin and DHICA-Eumelanin) connecting through covalent bonds and highly polymerized with quinones and proteins while formed a kind of heterogeneous copolymers. Two key indole precursors, DHI and DHICA, cross-linked in various proportion, copolymerize to build a π-stacked layered macromolecular network system. Mutiple proteins participate in melanogenesis to regulate the quality and quantity of melanin. Among them, tyrosinase is the key enzyme required for melanin production, which catalyzes the hydroxylation of L-tyrosine to L-Dopa and the oxidation of L-Dopa to L-Dopaquninone. Dct is another critical enzyme in the melanogenesis pathway that isomerizes dopachrome to dihydroxy indole carboxylic acid (DHICA). However, DHICA could not auto-polymerize, only in the presence of DHI and Tyr can it incorporate into melanin polymer, otherwise dopachrome will be rapidly decarboxylated to DHI accompanied with mass ROS. It has been revealed that the three melanogenic proteins (Tyr, Tyrp1 and Dct) compose a multi-enzyme complex in melanosomes in order to raise the efficiency of melanogenesis, maintain the proteins stability and reduce the cytotoxicity of intermediate products maximatily.

In the multienzyme complex, Dct is deemed to be a kind of in-situ real-time scavenger, which can immediately scavenge ROS induced by intermediate products, and dynamically change the rate of melanogenesis and biopolymerization of indole molecules by modulating the proportion of DHI/DHICA to improve the protection capability of melanocytes against UVR, and finally increase melanogenesis of skin. Furthermore, in the process of melanin biochemical reaction, the nearly-closed structures inside the melanosomes are considered as a protection strategy of melanocyte to minimize the cytotoxicity of precursors. Melanosomal proteins are very likely to be embedded in the core of each entity in melanosomes, and eumelanin then functions as a shield to protect the entrapped proteins from potential oxidative insults. Meanwhile, melanocytes also provide with powerful enzyme and non-enzyme anti-oxidative defense mechanisms (such as glutathione peroxidase, catalase and Fenton reaction and so on) to immediately scavenge ROS induced by intermediate pro-ducts and therein protect themselves. However, we still know little about how melanosomal proteins interact with melanin polymers and how melanosomal proteins are protected from oxidative stress damage even under the conditions of high and/or continuously oxidative stress for maintaining mechanism of immune hyporesponsiveness.

It is well documented that unusual accumulation of H_2O_2 is present in the epidermis of active vitiligo, even up to micromolar level. In the skin lesions and/or serum of progressive vitiligo patients, multiple auto-antibodies to melanosomal proteins and expression abnormalities of T lymphocyte are both detected. The functional disorder or missing of melanocytes is regarded as a consequence of an immune response mediated by self-responsive T cells or auto-antibodies against melanosomal proteins. Up to now, how functional dysregulation and molecular injury for Dct gene of melanocytes in vitiligo occur, how the cryptic epitopes of entrapped melanosomal proteins are recognized by immune system and how imumune tolerance of melanosomal proteins is broken remain unclear. Lately, researches discovered that, under certain concentration of hydrogen peroxide (H_2O_2), thyroglobulin may crack and generate polypeptide with immunoreactivity, which may be identified by antithyroglobulin antibodies in serum of Hashimoto's thyroiditis. Therefore, we assume that the initial causes inducing immune destruction of melanocyte are (1) There are some defects vitiligo melanocytes for eliminating intermediate products of melanogenesis and reactive oxygen species, the latter of which (especially H_2O_2) may intensively attack melanin polymer, resulting in oxidative fissure of the indole unit within to expose cryptic epitopes to the immune system; (2) Melanosomal protein fragments bound to indole molecules cleave to polypeptides, which are oxidative modificated, if not eliminated instantly, to haptens with high immunogenicity; (3) The disruption of DHICA/DHI indole units due to Dopachrome tautomerase (Dct) inactivation diminishes their anti-oxidation, even showing a pro-oxidant behavior.

However, in vivo researches on early upstream events that Dct mediating oxidative stress changes influenced the immunogenicity of melanosomal proteins were hampered, partially due to the multienzyme complex structure inside melanosome constituted by Dct close combining with other melanogenesis proteins. In this study, melanosomal proteins at different stages from Dct-mutant salty MCs (amino acid substitution (R194Q(Arg194→Gln)) that occurred spontaneously in the first metal-binding domain of the Dct protein) and wild-type melan-a MCs were purified with a sucrose gradient centrifugation, and immunized the hind footpad and the base of the tail of each mouse. To further elucidate the molecular mechanism of loss of immune tolerance toward autoantigens in the melanosome membranes and explore the early upstream initiating event involved in the autoimmune response to melanosomal proteins, in vivo assay was performed to determine the immunogenicity of melanosomal proteins derived from these two kinds of melanocyte under different oxidative stress.

Methods and Results

1) Measurement of melanogenic proteases activities and ROS levels

in Dct mutant slaty MCs and wildtype melan-a MCs Tyrosinase, mainly as dopa oxidase, Dct and catalase activities in Dct mutant slaty MCs and wildtype melan-a MCs were measured with a spectrophotometry. The melanocytes were incubated with 100 μmol/L H_2O_2 and the level of intracellular ROS was monitored by 2, 7-dichlorofluorescin diacetate (H2DCF-DA) labeling. The results showed that the Dct activity of slaty MCs was significantly lower than that of melan-a MCs, but there was no statistically significant difference in the activity of tyrosinase and catalase in these two groups of MCs ($P > 0.05$). The analysis results of intracellular ROS level showed that the relative fluorescence intensity of slaty MCs and melan-a MCs before being treated with H_2O_2 was 6.33 ±0.17 and 5.42 ±0.14, respectively. However, the relative fluorescence intensity of slaty MCs being treated with H_2O_2 increased abruptly to 18.29 ± 0.54 and there was a statistically significant difference ($P < 0.05$) comparing to that of melan-a MCs (9.14 ±0.28).

2) Observation of ultrastructure and protein expression of sucrose density gradient ultracentruifugation purified melanosomes in Dct mutant slaty MCs and wildtype melan-a MCs The cells were harvested with 0.25% trypsin/0.02% EDTA and then homogenized on ice using 20 stokes of a Dounce glass-glass homogenizer. Melano- somes in the cellular homogenate were isolated with a sucrose density-gradient ultracentrifugation, the density gradients of sucrose were: 1.0, 1.2, 1.4, 1.5, 1.6, 1.8 and 2.0 mol/L, respectively. Sucrose interfaces between the 1.0 mol/L to 1.2 mol/L and the 1.6 mol/L to 1.8 mol/L were collected for a transmission electron microscopy (TEM) observation to examine the development and maturation of melanosomes. The protease activity of this family of three tyrosinases and their protein expression levels were assayed by spectrometry and Western Blot. The results showed that the color of homogenated cell aggregates of these two MCs was brown and milk yellow, respectively. Isolated by sucrose gradient ultracentrifugation, melanosomes were localized at various layers of the gradient. The

TEM observation indicated that the 1.2-1.4 mol/L sucrose fragment was mainly spherical or oval melanosomes in Stage I-II (early stage melanosomes), while the 1.6-1.8 mol/L melanosomal fraction contained mainly melanosomes in Stage III-IV (late stage melanosomes) with melanin depositions in the fibrous transverse ridges. Comparing to that of melan-a MCs, the 1.6-1.8 mol/L sucrose fraction of slaty MCs was primarily filled with Stage III melanosomes. The Western Blot Analysis showed that the Dct activity of later stage melanosomal proteins of slaty MCs was decreased significantly and also there was a statistically significant difference comparing to that of melan-a MCs. However, the change of the activity of tyrosinase in these two groups of melanosomal proteins was not obvious.

3) Groups and immune challenge of experimental mice CB6F1 mice (BABL/C × C57BL/6 hybridization F1 generation, HLA haplotype is $H^{2d \times 2b}$) were housed in pathogen-free microisolator cages in our animal facility. Melanosomal proteins were treated with 3 different factors for subsequent immune challenge in mice, then compared their immunogenicity changes: (1) The two MCs were pulsed with 100 μmol/L H_2O_2 for 1 hour, then early stage and late stage melanosomal proteins were purified with the sucrose density-gradient ultracentrifugation to evaluate the maintenance of immune hyporesponsiveness to melanosomal proteins. (2) Synthetic DHI-eumelanin and DHICA-eumelanin were incubated with that two late stage melanosomal proteins respectively and then treated with H_2O_2 for antioxidative protection determination. (3) Late stage melanosomal proteins were treated with H_2O_2 respectively to validate if melanosomal proteins at late stage of Dct mutant salty MC more sensitive to oxidative stress. In each assay, chicken ovalbumin, a well-defined model antigen containing an immunodominant epitope in H-2b mice, was used as positive control. The results showed that gradual swellings of the immunized-side footpad and ankle of the mice were seen after the mice had been immunized with 50 μg (microgram) of melanosomal proteins

emulsified in an equal volume of complete Freund's adjuvant (CFA) for 1 week and there were significant swellings of the groin, the rib draining lymph nodes and the spleen when the mice were sacrificed and the regional draining lymph nodes were stripped 3 weeks later.

4) Effects of oxidative stress and synthetic DHI/DHICA(1∶1)-eumelanin on the immunogenicity of melanosomal proteins Primed T lymphocytes were isolated and counted with Trypan Blue Staining then cultured in 96-well plates which were added with the same proteins in a final concentration of 0.3, 1, 3, 10 and 30 μg/mL, respectively. After 48 h at 37 °C, [^{3}H] thymidinewas added and the cultures were harvested 16 h later using a multichannel cell harvester. The radioactivity of each sample was counted in a liquid scintillation counter. After the microtiter plates were coated with the same melanosomal proteins, the titers of antimelanosomal protein antibodies were calculated as the dilution of the test serum to the end point. Enlarged T-lymphocyte colonies of late stage melanosomes isolated from H_2O_2-treated slaty MCs were more than those of the early stage melanosomes under microscopy. Large amounts of darkly stained cytoplasm were seen in those spherical or oval cells. The T-lymphocyte colonies were less proliferated and smaller in DHI/DHICA(1∶1)- eumelanin incubated slaty MC late stage melanosomal proteins group than DHI-eumelanin incubated group. H_2O_2 pulsed late stage melanosomal protein from staty MC stimulated significant proliferation and enlargement of T-lymphocyte colonies comparing to the single protein group, yet this phenomenon was not displayed in the group of late stage melanosoml protein from melan-a MC even in presence of H_2O_2. The ^{3}H-TdR and ELISA assays showed that mice exhibited hyperresponsiveness to a challenge with late-stage melanosomal proteins, especially to late-stage melanosomal proteins derived from Dct-mutant melanocytes. T cell proliferation and IgG antibody responses were significantly induced by late-stage melanosomal proteins incubated with DHI - melanin, but not with DHI/DHICA - melanin, and the same results

were showed in slaty MC late-stage melanosomal protein group rather than in melan-a MC late-stage melanosomal protein group, which revealed late-stage melanosomal proteins from slaty MC were more sensitive in immunogenic changes induced by oxidative stess.

Conclusions

Dct regulates the antioxidative capacity of eumelanin by changing the proportion of DHICA monomer incorporated into the DHI polymer backbone, which plays a ctritical role in the maintenance of immune hyporesponsiveness to melanosoml proteins. Mutations in Dct seriously affected the development and maturation of later stage melanosomes, decreased DHICA formation and weakened ROS scavenging, especially under oxidative stess. Mouse slaty mutation, a single amino acid substitution (R194Q(Arg194→Gln)) that occurred spontaneously in the first metal-binding domain of the Dct protein, seriously affects the steric configuration of the mutant Dct protein and the stability of the melanogenic protein complex. Under high and/or sustained oxidation stress, the oxidative modificated melanomal proteins expose partial cryptic epitopes, which enhances the immunogenicity of melanosomal proteins.

Key words Melanosome; Dopachrome tautomerase; Mutation; Oxidative stress; Immunogenicity; Vitiligo

英文缩略词表

(LIST OF ABBREVIATIONS)

英文缩写	英文全称	中文名称
FBS	Fetal bovine serum	胎牛血清
MC	Melanocyte	黑素细胞
H_2O_2	Hydrogen peroxide	过氧化氢
ROS	Reactive oxygen species	氧自由基
PTU	N-Phenylthiourea	苯硫脲
$NaIO_4$	Sodium periodate	高碘酸钠
Tyr	Tyrosinase	酪氨酸酶
Dct	Dopachrome tautomerase	多巴色素异构酶
Tyrp1	Tyrosinase-related protein1	酪氨酸酶相关蛋白-1
DHI	5, 6-dihydroxyindole	5, 6-二羟基吲哚
DHICA	5, 6-dihydroxyindole-2-carboxylic acid	5, 6-二羟基吲哚羧酸
EDTA	Ethylene Diamine Tetraacetic Acid	乙二胺四乙酸
BSA	Bovin serum albumin	牛血清白蛋白
Tris	Tris(hydroxymethyl)aminomethane	三羟甲基氨基甲烷
Gly	Glycine	甘氨酸
Acr	Acrylamide	丙烯酰胺
SDS	Sodium dodecyl sulfate	十二烷基硫酸钠
Bis	Bisacrylae	N, N′-甲叉双丙烯酰胺
AP	Ammonium Persulfate	过硫酸胺
TEMED	N, N, N′, N′-Tetramethylethylene-diamine	N, N, N′, N′-四甲基乙二胺

续表

英文缩写	英文全称	中文名称
NP-40	Nonidet P-40	乙基苯基聚乙二醇
CFA	Freund's Adjuvant, Complete	弗氏完全佐剂
IFA	Freund's Adjuvant, Incomplete	弗氏不完全佐剂
OVA	Ovalbumin	鸡卵白蛋白
cmp	counts per minute	每分钟脉冲数
L-Dopa	3, 4-Dihydroxy-L-phenylalanine	L-3, 4-二羟苯丙氨酸
TMB	3, 3′, 5, 5′-tetramethyl benzidine	3, 3′, 5, 5′-四甲基联苯胺
VDAC1/Porin	Voltage-dependent anion channel 1	电压依赖性阴离子通道 1
PMA	Phorbol 12-myristate 13-acetate	(12-) 十四酸佛波酯 (-13-)乙酸盐
HEPES	4-(2-hydroxyerhyl) piperazine-1-erhane sulfonic acid	N-(2-羟乙基)哌嗪-N′-2-乙烷磺酸
H_2DCF-DA	2′, 7′-Dichlorofluorescein diacetate	2′, 7′-二氯二氢荧光素二乙酯
M	melan-a	野生型 melan-a 细胞
S	slaty	Dct 突变 slaty 细胞
ML	late-stage melanosomal proteins of melan-a melanocytes	melan-a 细胞晚期黑素小体蛋白
SL	late-stage melanosomal proteins of slaty melanocytes	slaty 细胞晚期黑素小体蛋白
MS	melanosomal proteins	黑素小体蛋白
rpm	revolutions per minute	每分钟转数

目　　录

引　言

多巴色素异构酶（dopachrome tautomerase，Dct）是位于酪氨酸酶催化位点的下游的一个重要调节酶，该酶活性的高低调控着5，6-二羟基吲哚衍生优黑素（DHI-eumelanin）与5，6-二羟基吲哚羧酸衍生优黑素（DHICA-eumelanin）的生成比例，直接参与代谢过程中活性氧基（reactive oxygen species，ROS）的清除。Dct功能不足或存在固有缺陷，黑素生成代谢过程中氧化应激的实时清除能力减弱，可造成H_2O_2等活性氧基的持续堆积[1]。

白癜风为一种获得性皮肤色素脱失性疾病，表现为局限或泛发型的皮肤色素脱失[2]。其病因及发病机制尚不明确，自身免疫异常是白癜风发病的主要机制之一[3-4]。已发现在白癜风患者急性期皮损中过氧化氢大量堆积，甚至高达毫摩尔浓度。氧化应激被认为是白癜风黑素细胞破坏的始发因素[5-6]。白癜风黑素细胞的固有缺陷或功能减退可使其更易受到大量活性氧基分子（尤其是H_2O_2）的高强度攻击，引起黑素细胞功能障碍或破坏，继而作为始动事件激发对黑素细胞的免疫破坏[7-9]。

研究表明，在白癜风患者活动期皮损和/或血清中，已识别到多种抗黑素小体蛋白自身抗体（如Tyr、Tyrp1、Tyrp2）和$CD4^+$、$CD8^+$ T淋巴细胞的异常表达[4,10-11]。功能性的黑素细胞障碍或缺失被认为是黑素小体蛋白自身反应T细胞或自身抗体介导的一种免疫反应[3,5]。在白癜风患者皮损区边缘已证实有大量皮肤淋巴细胞相关抗原（cutaneous lymphocyte antigen，CLA）阳性T细胞[12]，尽管黑素小体蛋白自身也可被抗原呈递细胞（APC）摄取并加工成肽分子，但这些自身蛋白因缺乏免疫原性，很难诱导产生对这些自身抗原的免疫反应。因此，白癜风黑素细胞黑素小体蛋白发生氧化修饰可能为导致免疫耐受状态破坏的先决条件之一[13]。然而，对免疫系统是如何识别这些黑素小体内膜上隐蔽的抗原表位肽，黑素小体蛋白免疫耐受的状态又是如何遭到破坏的，至今仍未清楚[6]。

Dct 基因自然突变的 slaty 黑素细胞，突变 Dct 酶蛋白的金属结合区域（metal-binding domain A）丧失与二价锌离子的结合能力，其酶活性仅为野生型的 36%[14-15]。在本研究中，我们比较了来自 slaty 小鼠表皮黑素细胞（slaty MC）与野生型 C57BL/6J 小鼠表皮黑素细胞（melan-a MC）对 ROS 的清除能力。运用蔗糖梯度离心分离两种黑素细胞黑素小体蛋白，观察了其在氧化应激状态下诱导的体液和细胞免疫反应能力，同时观察了通过给予外源性 DHI/DHICA（1∶1）-优黑素降低 ROS 水平后，对 Dct 突变 slaty MC 黑素小体蛋白的免疫原性的影响。结果发现，氧化应激状态下，Dct 突变 slaty MC 黑素小体蛋白的免疫原性明显增强，DHICA 介导的抗氧化在维持黑素小体蛋白的低免疫原性中起到了重要作用。

第一章　Dct 突变对黑素小体蛋白表达及其相关生物学功能的影响

酪氨酸酶（tyrosinase，Tyr）、酪氨酸酶相关蛋白-1（tyrosinase-related protein1，Tyrp1）和多巴色素异构酶（dopachrome tautomerase，Dct）以多酶复合体形式存在于黑素小体膜共同参与对黑素细胞黑素生成的调节[16]。在多酶复合体中，Dct 被认为是黑素生成途径中的原位实时氧化应激清除剂（realtime scavenger）[17]。然而，小鼠 Dct 基因编码区第 194 位精氨酸被谷氨酰胺置换（R194Q）发生 slaty 突变（Dct^{slt}），突变 Dct 酶蛋白的金属结合区域（metal-binding domain A）丧失与二价锌离子的结合能力，其酶活性仅为野生型的 36%，slaty 小鼠表型出现明显的被膜颜色稀释[18]。在本章，我们拟观察 slaty 小鼠表皮黑素细胞（slaty MC）对活性氧基（reactive oxygen species，ROS）的清除作用，并对蔗糖梯度离心分离的 slaty MC 不同时期黑素小体片段的结构、酶活性和蛋白表达水平进行了分析，旨在探讨 Dct 基因突变对黑素小体蛋白结构与功能的影响。

1.1　实验材料

1.1.1　细胞来源

melan-a 黑素细胞（black，a/a）由英国圣乔治医学院 Dr. Dorothy C. Bennett 惠赠[19]；Dct 突变（Dct^{slt}/Dct^{slt}）slaty 黑素细胞由美国国家健康研究院 Dr. Vincent J. Hearing 惠赠[14]。

1.1.2 主要仪器设备

1）倒置荧光显微镜（IX51 型；日本 OLYMPUS 公司）

2）酶标仪（VICTOR2™；美国 Perkin Elmer 公司）

3）荧光分光光度计（F-4500 型；日本 Hitachi 公司）

4）二氧化碳培养箱（CB150 型；德国 BINDER 公司）

5）洁净工作台（SW-CJ-2F 型；苏州安泰空气技术有限公司）

6）台式高速离心机（HC-2061 型；安新县白洋离心机厂）

7）台式低速离心机（BB7-160C 型；安新县白洋离心机厂）

8）恒温摇床（KYC 100C 型；上海福马实验设备有限公司）

9）pH 计（PB-10 型；德国 Sartorius 公司）

10）精密天平（CP124S 型；德国 Sartorius 公司）

11）双向定时恒温磁力搅拌器（90-2 型；上海楚定分析仪器有限公司）

12）反渗透去离子纯水机（RO-DI 型；上海和泰仪器有限公司）

13）自动三重纯水蒸馏器（SZ-97 型；上海亚荣生化仪器厂）

14）不锈钢立式电热蒸汽消毒器（YM50 型；上海三申医疗器械有限公司）

15）电热恒温干燥箱（202-1AB 型；天津市泰斯特仪器有限公司）

16）电热恒温水箱（HHW21-600 型；天津市泰斯特仪器有限公司）

17）超低温冰箱（DW-HW328 型；中科美菱低温科技有限责任公司）

18）透射电子显微镜（FEI Tecnai G2 型；荷兰 FEI 公司）

19）玻璃匀浆器（D9938-1SET 型；Sigma 公司）

20）超速离心机（Beckman SW28 型；Sigma 公司）

21）Western 蛋白质电泳和印迹系统（Bio-Rad；美国 Bio-Rad 公司）

1.1.3　主要试剂及其配制

1．试剂盒及抗体

1）过氧化氢酶检测试剂盒（碧云天公司产品）

2）ECL显色试剂盒（Pierce公司产品）

3）BCA蛋白质定量试剂盒（Pierce公司产品）

4）Anti-Tyr多克隆抗体（αPEP7）（Vincent J，Hearing惠赠）

5）Anti-Tyrp1多克隆抗体（αPEP1）（Vincent J，Hearing惠赠）

6）Anti-Tyrp2/Dct多克隆抗体（αPEP8）（Vincent J，Hearing惠赠）

7）内参抗体β-actin（Santa Cruze公司产品）

8）线粒体内参抗体VDAC1/Porin（Proteintech Group，Inc公司产品）

9）HRP标记羊抗兔IgG（Amersham Pharmacia Biotech公司产品）

10）2，7-二氯荧光素二乙酸酯（H_2DCF-DA；Sigma公司产品）

2．细胞培养相关试剂及其配制

1）RPMI 1640培养基（Gibco公司产品）

2）佛波醇12-十四酸酯13-乙酸酯（PMA；Sigma公司产品）

3）胎牛血清（杭州四季青公司产品）

4）二巯基乙醇（Sigma公司产品）

5）L-谷氨酰胺（Sigma公司产品）

6）4-羟乙基哌嗪乙磺酸（HEPES；Sigma公司产品）

7）过氧化氢（Sigma公司产品）

8）胰酶（华美公司产品）

9）台盼蓝（上海国药集团化学试剂有限公司产品）

10）RPMI 1640培养基配制

RPMI 1640	10.4g
L-Glutamine	2.05mmol/L
Hepes	25.03mmol/L
二巯基乙醇	100μmol/L
PMA	200nmol/L
胎牛血清	5%

加三蒸水至1000mL溶解，调pH值至7.4，过滤除菌，分装4℃保存。

11）D-Hanks液配制

KCl	0.4g
KH_2PO_4	0.06g
NaCl	8.0g
$NaHCO_3$	0.35g
$Na_2HPO_4 \cdot 12H_2O$	0.12g
酚红	0.01g

加三蒸水至1000mL溶解调，调pH值至7.4，高压消毒灭菌，4℃保存。

12）0.25%胰酶/0.02%EDTA配制

胰酶	0.25g
EDTA	20mg
D-Hanks液	100mL

搅拌使之充分溶解，过滤除菌，分装4℃保存。

13）D-PBS（Dulbecco's磷酸盐缓冲溶液）液配制

KCl	0.2g
KH_2PO_4	0.2g
NaCl	8g
Na_2HPO_4	1.15g

加三蒸水至 1000mL 溶解，调 pH 值至 7.4，高压消毒灭菌，4℃保存。

14）0.5%台盼蓝染液配制

台盼蓝	0.05g
生理盐水	10mL

0.22μm 滤膜过滤，4℃保存。

3．蔗糖梯度离心相关试剂及其配制

1）蔗糖（Sigma 公司产品）

2）细胞匀浆缓冲液-1 溶液配制

蔗糖	1.7115g
Hepes	47.66mg
三蒸水	20mL

调 pH 值至 7.4，0.45μm 筛网过滤除菌，4℃储存一周，临用前加 Cocktail。

3）黑素小体冲洗缓冲液配制

蔗糖	2.567g
1mol/L Tris · HCl	0.3mL
三蒸水	100mL

0.45μm 筛网过滤除菌，4℃储存一周，临用前加 Cocktail。

4）2mol/L 蔗糖储液配制

蔗糖	102.69g
三蒸水	150mL

0.45μm 筛网过滤除菌，4℃储存一周，临用前加 Cocktail。

5）1.8mol/L 蔗糖储液配制

2mol/L 蔗糖储液	36mL
1mol/L Hepes	400μL
三蒸水	3.6mL

调 pH 值至 7.4，0.45μm 筛网过滤除菌，临用前加 Cocktail。

6）1.6mol/L 蔗糖储液配制

2mol/L 蔗糖储液	32mL
1mol/L Hepes	400μL
三蒸水	7.6mL

调 pH 值至 7.4，0.45μm 筛网过滤除菌，临用前加 Cocktail。

7）1.4mol/L 蔗糖储液配制

2mol/L 蔗糖储液	28mL
1mol/L Hepes	400μL
三蒸水	11.6mL

调 pH 值至 7.4，0.45μm 筛网过滤除菌，临用前加 Cocktail。

8）1.2mol/L 蔗糖储液配制

2mol/L 蔗糖储液	24mL
1mol/L Hepes	400μL
三蒸水	15.6mL

调 pH 值至 7.4，0.45μm 筛网过滤除菌，临用前加 Cocktail。

9）1.0mol/L 蔗糖储液配制

2mol/L 蔗糖储液	20mL
1mol/L Hepes	400μL
三蒸水	19.6mL

调 pH 值至 7.4，0.45μm 筛网过滤除菌，临用前加 Cocktail。

4. 黑素生成相关蛋白酶活性测定相关试剂及其配制

1）L-DOPA（Sigma 公司产品）

2）$NaIO_4$（Sigma 公司产品）

3）PTU（Sigma 公司产品）

4）过氧化氢（Sigma 公司产品）

5）磷酸盐缓冲液（0.01M PBS；pH7.2）配制

NaCl	8.0g
$Na_2HPO_4 \cdot 12H_2O$	1.44g
KH_2PO_4	0.24g
KCl	0.2g
三蒸水	1000mL

搅拌使之充分溶解，调整 pH 值至 7.2，高压灭菌后 4℃保存。

6）0.1% L-DOPA 反应液配制

L-DOPA	2mg
0.1mol/L pH6.8 PBS	2mL

避光保存，临用前配制。

7）10mmol/L 磷酸盐缓冲液配制

$Na_2HPO_4 \cdot 12H_2O$	3.5g
$NaH_2PO_4 \cdot 2H_2O$	1.59g
三蒸水	200mL

搅拌使之充分溶解，调整 pH 值至 6.8，高压灭菌后 4℃保存。

8）10mmol/L PBS/0.1mmol/L EDTA/0.1mmol/L PTU 反应缓冲液配制

10mmol/L pH 6.8 PBS（5×）	2mL
50mmol/L pH 8.0 EDTA	40μL
10mmol/L PTU	200μL

加三蒸水至 20mL，搅拌混匀后备用。

9）1mmol/L L- Dopa 溶液配制

L- Dopa	1.97mg
反应缓冲液	5mL

临用时配制。

10）2mmol/L $NaIO_4$溶液配制

$NaIO_4$	2. 14mg
反应缓冲液	10mL

临用时配制。

11）L-Dopachrome 溶液配制

1mmol/L L-Dopa	1. 2mL
2mmol/L $NaIO_4$	1. 2mL

临用时配制。

5. Western 蛋白印迹相关试剂及其配制

1）预染蛋白质分子量 marker（美国 Thermo Fisher Scientific 公司产品）

2）Cocktail 鸡尾酒片（瑞士 Roche 公司产品）

3）1% Nonidet（NP-40）（碧云天公司产品）

4）甘氨酸（Gly；美国 Amersco 产品）

5）Tris 碱（美国 Amersco 产品）

6）丙烯酰胺（Acr；美国 Amersco 产品）

7）十二烷基硫酸氢钠（SDS；美国 Amersco 产品）

8）过硫酸胺（AP；美国 Amersco 产品）

9）N，N，N′，N′-四甲基乙二胺（TEMED；美国 Amersco 产品）

10）甘油（美国 Amersco 产品）

11）溴酚蓝（碧云天公司产品）

12）吐温-20（碧云天公司产品）

13）考马斯亮兰（碧云天公司产品）

14）甲醇（上海国药集团化学试剂有限公司产品）
15）冰乙酸（上海国药集团化学试剂有限公司产品）
16）戊二醛（Sigma公司产品）
17）丙酮（上海国药集团化学试剂有限公司产品）
18）二甲苯（上海国药集团化学试剂有限公司产品）
19）二甲苯（上海国药集团化学试剂有限公司产品）
20）无水乙醇（上海国药集团化学试剂有限公司产品）
21）蛋白抽提缓冲液配制

25 * cocktail	40μL
1% NP-40	10μL
10% SDS	1μL
1mol/L Tris · HCl	100μL
三蒸水	849μL

用时混匀即可，冰上操作。
22）考马斯亮兰溶液配制

考马斯亮兰 R-250	1. 0g
甲醇	450mL
冰乙酸	100mL
三蒸水	1000mL

用时混匀即可，操作时要带手套和口罩。
23）蛋白电泳脱色液配制

甲醇	100mL
冰乙酸	100mL
三蒸水	1000mL

用时混匀即可，操作时要带手套和口罩。

24）1.5mol/L pH8.8 Tris-HCl配制

Tris碱	18.2g
三蒸水	50mL

溶解后用浓盐酸调pH至8.8，最后再加三蒸水至100mL，室温下保存。

25）1.0mol/L pH6.8 Tris-HCl配制

Tris碱	12.1g
三蒸水	50mL

溶解后用浓盐酸调pH至6.8，最后再加三蒸水至100mL，室温下保存。

26）10% SDS（w/v）配制

SDS	10g
三蒸水	100mL

溶解后室温下保存。

27）50%甘油（v/v）配制

甘油	5mL
三蒸水	10mL

溶解后4℃保存。

28）1%溴酚蓝（w/v）配制

溴酚蓝	10mg
三蒸水	1mL

溶解过滤后4℃保存。

29）30%凝胶储备液（Acr MIX）配制

Acr	14.6g
Bis	0.6g

37℃溶解Acr和Bis，加三蒸水至50mL，戴口罩和手套配制，于棕色瓶中4℃保存，每隔一月重新配制。

30）10%过硫酸胺（ammonium persulfate，AP）配制

AP	0.1g
三蒸水	1mL

溶解后4℃保存，一周内使用，最好新鲜配制。

31）电泳缓冲液（10×）配制

Tris碱	15g
Gly	72g
SDS	1g

溶解后，定容至500mL，用浓盐酸调pH至8.3。

32）上样缓冲液（5×）配制

50%甘油	2.5mL
10%SDS	1mL
2-巯基乙醇	0.25mL
1%溴酚蓝	0.5mL
1.0mol/L pH6.8 Tris HCl	0.3mL

三蒸水1mL，溶解后4℃保存。

33）转移缓冲液配制

Gly	2.9g
Tris碱	5.8g
SDS	0.37g
甲醇	200mL
三蒸水	1000mL

先用三蒸水溶解Gly、Tris碱、SDS，然后再加入甲醇，最后补足液体，如先加甲醇，则溶解Gly、Tris碱、SDS等较困难，甲醇最好在临用前加。

34）10%分离胶配制

30% Acr MIX	1.3mL
1.5mol/L pH8.8 Tris HCl	1.3mL
10%SDS	0.05mL
10%AP	0.05mL
TEMED	0.003mL
三蒸水	2.3mL

加TEMED后立即混匀灌胶。

35）5%浓缩胶配制

30% ACR MIX	0.5mL
1.0mol/L pH6.8 Tris HCl	0.38mL
10% SDS	0.03mL
10% AP	0.03mL
TEMED	0.003mL
三蒸水	2.1mL

加 TEMED 后立即混匀灌胶。

36）TBS 缓冲液（10×）配制

Tris 碱	3g
NaCl	8g
KCl	0.2g
三蒸水	100mL

溶解后用浓盐酸调 pH 至 7.5，室温保存。

37）TBST 缓冲液配制

20% Tween	0.47mL
TBS 缓冲液	200mL

临用时配制，室温保存。

38）封闭缓冲液配制

脱脂奶粉	0.5g
TBST 缓冲液	10mL

临用时配制，室温保存。

1.2 实验方法

1.2.1 细胞培养

1. 培养条件

melan-a MC 和 slaty MC 培养在含5%胎牛血清、200nmol/L PMA 和100μmol/L二巯基乙醇的 RPMI1640 培养基中，置于37℃、5% CO_2、饱和湿度中进行传代培养，指数生长期细胞用于下述实验[20]。

2. 细胞冻存

1）取对数生长期 melan-a MC 和 slaty MC，在细胞冻存前一天换液。

2）次日将 melan-a MC 和 slaty MC 用 D-Hanks 液漂洗一次。

3）加入0.25%胰酶/0.02% EDTA 消化细胞，37℃培养箱中孵育1min。

4）待细胞树突收缩后即可加入含5% FBS 的培养基终止消化。

5）轻轻吹打后吸入10mL离心管中，1000rpm，离心5min。

6）弃上清，加入培养基重悬后调整细胞数为5×10^5/mL。

7）每只冻存管加入含20% FBS、8% DMSO 的细胞悬液。

8）-20℃放置30min后转存至-70℃过夜，次日再转存至液氮中。

3. 细胞复苏

1）将水浴锅温度设为38℃待用。

2）将冻存管从液氮中取出后迅速进行水浴，轻轻快速晃动。

3）将细胞悬液用10mL培养基重悬。

4）次日细胞贴壁后更换培养基，以后每2~3天换液一次。

1.2.2 胞内 ROS 水平测定

1. 实验原理

H_2DCF-DA 为用于测定细胞内 ROS 水平的一种新型荧光染料，极易透过脂质膜，进入细胞后能被细胞的酯酶转化成 H_2DCF，后者非常容易被活性基团氧化，产生强荧光的DCF[1]。

2. 实验步骤

1）取对数生长期melan-a MC和slaty MC，胰酶消化后以2×10^5个/孔细胞接种于6孔板中，培养24h后更换培养基为D-PBS。

2）每孔加入终浓度为100μmol/L的H_2O_2，对照组不加H_2O_2[21]。

3）培养60min，弃上清，胰酶消化制备细胞悬液（台盼蓝染色观察活细胞数大于95%）。

4）加入H_2DCF-DA至终浓度为10 μmol/L、37℃避光孵育20min。

5）D-PBS缓冲液洗涤2次，离心除去含DCFH-DA的培养液，重新悬浮细胞于10 mmol/L HEPES缓冲液中。

6）用荧光分光光度计检测其荧光强度，发射波长设定为488nm，测定521nm处的相对荧光强度，以细胞悬液的平均荧光强度代表胞内总的ROS水平。

1.2.3 过氧化氢酶酶活力测定

1. 实验原理

在过氧化氢相对比较充足的情况下，过氧化氢酶可以催化过氧化氢产生水和氧气。残余的过氧化氢在过氧化物酶（Peroxidase）的催化下可以氧化生色底物，产生红色的产物（N-（4-antipyryl）-3-chloro-5-sulfonate-p-benzoquinonemo noimine），最大吸收波长为520nm。用过氧化氢标准品制作标准曲线，这样就可以计算出样品中的过氧化氢酶在单位时间单位体积内催化了多少量的过氧化氢转变为水和氧气，从而可以计算出样品中过氧化氢酶的酶活力。

2. 实验步骤

1）将抽提蛋白质置于冰上，一式三份，每孔含10μg蛋白。

2）加入40μL过氧化氢酶检测缓冲液、250mmol/L过氧化氢溶液10μL，混匀后25℃反应5min。

3）加入450μL过氧化氢酶反应终止液终止反应。

4）10μL上述反应体系与40μL过氧化氢酶检测缓冲液再次混匀。

5）取10μL加入至200μL显色工作液中，25℃反应15min，酶标仪测A520值。

6）过氧化氢酶酶活力单位定义为1个酶活力单位（1 unit）在25℃、pH7.0的条件下，在1min内可以催化分解1μmol过氧化氢的量[22]。

1.2.4 不连续蔗糖梯度离心[23]

1. 细胞准备

1）对数生长期melan-a MC和slaty MC长至75%～80%融合，细胞用D-PBS洗×1次。

2）胰酶消化细胞，加含血清的培养基中和，在50ml离心管中离心细胞悬液（5min，1000×g），去上清。

2. 离心样品的制备

1）加入细胞匀浆缓冲液-1洗离心团块×1次。

2）重悬细胞团块后离心（10min；1000×g，4℃）去上清，细胞匀浆缓冲液-1重悬离心细胞。

3）用玻璃匀浆器将细胞打碎（2min；60击），转移匀浆液（约2mL）至10mL离心管。

4）离心（10min，1000×g，4℃），收集上清至4mL离心管。

3. 蔗糖梯度的制备

1）实验前一晚配制不同梯度的蔗糖溶液（1.0、1.2、1.4、1.5、1.6、1.8、2.0mol/L）。

2）次日铺蔗糖梯度前先将50×Cocktail加到各个mol/L层蔗糖溶液中。

3）先将1.0mol/L蔗糖溶液加入Beckman离心管底，随后用顶替法将不同梯度的蔗糖溶液用针头垂直沿管中轻轻加入，在每个界面做个标记，方便取样时参考。

4. 样品的高速离心

1）铺好蔗糖后，离心前加入样品（约2mL）。

2）在Beckman SW 28转头下超速离心（1h；100 000×g）。

3）待离心完毕，目的样品沉降到相应条带上方后采用层层吸取法用毛细吸管将不同位置的条带吸出。

4）将吸出（5mL）的目的样品装入Beckman专用离心管中，做好标记。

5. 样品的去糖洗涤

1）用黑色素小体冲洗Buffer重悬离心黑素小体悬液，离心（30min；12000×g）。

2）弃上清，PBS重悬后离心（20min；5000×g）。

3）离心团块分别行电镜检查、Western-blot和下一步免疫实验。

1.2.5 蔗糖梯度离心片段酪氨酸酶活性测定

1. BCA法测定蛋白的浓度

（1）实验原理

碱性条件下，蛋白将Cu^{2+}还原为Cu^{+}，Cu^{+}与BCA试剂形成紫颜色的络合物，测定其在562nm处的吸收值，并与标准曲线对比，即可计算待测蛋白的浓度。

（2）试剂组成

BCA试剂A；BCA试剂B；蛋白标准品（0.5、1.0、1.5、2.0mg/mL BSA）。

（3）实验步骤

1）按50体积BCA试剂A加1体积BCA试剂B（50:1）配制适量BCA工作液，充分混匀，BCA工作液在室温24h内较稳定。

2）取10μL蛋白标准品至96孔板，设置复孔。

3）加10μL体积样品到96孔板的样品孔中，加用于稀释标准品的溶液。

4）各孔加入200μL BCA工作液，37℃放置30min。

5）酶标仪测定A620nm之间的波长，根据标准曲线计算出蛋白浓度。

2. 酪氨酸酶活性测定[24]

（1）实验原理

左旋多巴（L-DOPA）在酪氨酸酶的作用下，发生氧化生成棕褐色多巴醌，此颜色变化在475 nm处有一明显吸收峰。酪氨酸酶活性大小决定了生成多巴醌的量，影响着规定时间内（10 min）在475 nm处吸光度值的变化，根据规定时间内吸光度的变化量即可确定酪氨酸酶活性的大小。

（2）实验步骤

1）将蛋白样品分成一式三份，每孔含10μg蛋白，调整样品终体积为30μL，并设定空白对照。

2）加样完成后，在每孔中加入含0.1% L-dopa反应液200μL，用枪轻轻吹打混匀，勿留气泡。

3）避光37℃孵育10min，用L-dopa的自动氧化进行校正。

4）酶标仪测定A475nm的OD值，酪氨酸酶活性用处理组A475值占空白对照A475值的百分率来表示。

1.2.6 蔗糖梯度离心片段Dct活性测定[25-26]

1. 实验原理

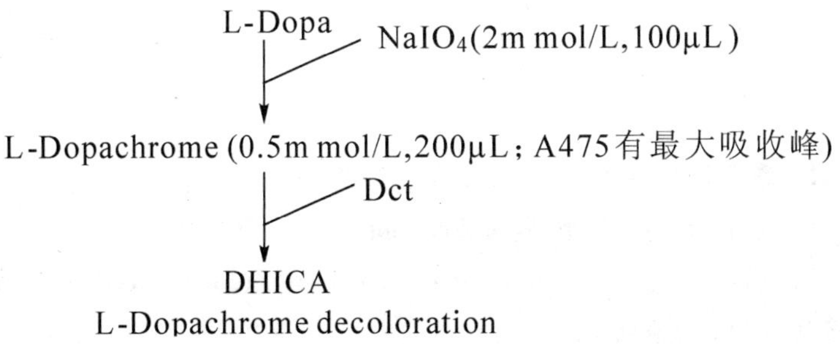

2. 实验步骤

1）在配制L-Dopachrome时，L-Dopa/ $NaIO_4$摩尔数（L-Dopa与$NaIO_4$摩尔比）为1∶2，这样全部L-Dopa能以化学计算方程式完成L-Dopachrome。

2）较少 L-Dopachrome 自发脱色形成 DHI，已知 pH 升高、离子浓度和少量金属离子可以影响反应，因此需 10mmol/L PBS/pH 6.0/0.1mmol/L EDTA 反应液。

3）可能会有较少细胞内 Tyrosine 干扰，反应体系中加入 0.1mmol/L PTU 来抑制内源性 Tyr 活性。

4）BCA 蛋白定量，调整蛋白浓度，每个反应体系中含 30μg 蛋白。

5）配制 10mmol/L PBS/pH 6.8/0.1mmol/L EDTA/0.1mmol/L PTU 反应缓冲液，补足反应缓冲液（含 10mmol/L PBS、0.1 mmol/L EDTA、0.1 mmol/L PTU）体积至 100μL。

6）临测前加入 0.5mmol/L L-DOPAchrome 溶液 100μL。

7）反应 8min 钟后酶标仪测 A475 OD 值。

1.2.7 蔗糖梯度离心片段电镜检查[18]

1. 取对数生长期 melan-a MC 和 slaty MC，胰酶消化后离心细胞团块以 2.5% 戊二醛磷酸盐缓冲液 4℃ 前固定 24h。

2. 1% 四氧化锇后固定，乙醇及丙酮脱水。

3. Epon 包埋固化制备超薄切片，醋酸双氧铀和枸橼酸铅染色。

4. FEI Tecnai G2 透射电子显微镜下观察。

1.2.8 Western 蛋白印迹检测蔗糖梯度离心片段 Tyr、Tyrp1、Dct 蛋白表达[27]

1. 蔗糖梯度离心片段蛋白样品制备

1）设低温离心机转速为 2000rmp，预冷 20min。

2）蔗糖梯度离心片段蛋白 BCA 蛋白定量后，加入 5 × 上样缓冲液 95 ~ 100℃ 煮沸 5min。

3）离心 12000rmp，2 ~ 3min。

4）行考马斯亮蓝染色验证抽提蛋白，-20℃ 保存或直接进行 Western Blot。

2. SDS-PAGE 电泳

1）用 75% 的酒精擦拭玻璃板后晾干，玻璃板对齐后放入夹中卡紧，然后垂直卡在架子上准备灌胶。

2）配制10%的分离胶，在加入10% AP、TEMED后轻轻快速摇匀后即可灌胶。

3）用5mL移液管沿玻璃板内侧灌胶，待胶面上升到绿带中线上方1cm高度时即可，加水液封，待水和胶之间有一条折射线时，说明胶已凝固。

4）倒去胶上层水并用吸水纸将水吸干，配制5%的浓缩胶，在加入10% AP、TEMED后轻轻快速摇匀后即可灌胶。

5）用5mL移液管沿玻璃板内侧将剩余空间灌满浓缩胶，将梳子保持水平插入浓缩胶中，待浓缩胶凝固后，两手分别捏住梳子的两边竖直向上轻轻将其拔出。

6）在浓缩胶凝固期间，准备足够的电泳缓冲液，将灌胶后的玻璃板对齐后放入电泳槽中，加电泳缓冲液于槽中。

7）将样品于沸水中煮5min使蛋白变性后即可开始上样，用微量进样器贴壁吸取样品，将样品吸出后将加样器针头插入加样孔，缓慢加入样品后开始电泳。

8）电泳时间一般4~5 h，浓缩胶电压为60V，分离胶电压为110 V，电泳至溴酚蓝刚跑出即可终止电泳。

3. 转膜

1）准备6张滤纸和1张PVDF膜，依据胶的大小将切好的PVDF膜置于甲醇中，约30s，小心将膜浸入电转缓冲液中，浸泡5~10min。

2）将转膜用的夹子、两块海绵垫、一支玻棒、滤纸和浸过的膜放入含电转缓冲液的平皿中。

3）将夹子打开，使黑的一面在最下面，在上面垫一张海绵垫，剥下分离胶盖于滤纸上，用手调整使其与滤纸对齐，轻轻用玻棒擀去除气泡，将膜盖于胶上并去除气泡，在膜上盖3张滤纸，最后盖上另一个海绵垫后可合起夹子。

4）将夹子放入转移槽槽中后开始转膜，要使夹的黑面对槽的黑面，夹的白面对槽的红面。转膜时间一般为1h，转膜电压为40V。

4. 抗体孵育及免疫显色

1）将膜用 TBS 从下向上浸湿后，移至含有 5% 脱脂奶粉封闭液的平皿中，4℃封闭过夜。

2）TBST 洗膜 5min/次。

3）将一抗用 TBST 加 0.3% 脱脂奶粉稀释（αPEP7 抗体稀释度为 1∶1000；αPEP1 为 1∶2000；αPEP8 为 1∶2000），将膜蛋白面朝下放于抗体液面上，室温下孵育 60min。

4）从封闭液中取出膜，TBST 在室温下脱色摇床上洗 ×3 次，10min/次。

5）将二抗用 TBST 加 0.3% 脱脂奶粉稀释（HRP 标记羊抗兔 IgG 稀释度为 1∶2000），室温下孵育 60min。

6）取出膜后，TBST 在室温下脱色摇床上洗 ×3 次，10min/次。

7）ECL 显色试剂盒中 A 和 B 两种试剂等体积混合，将 PVDF 膜置于 ECL 混合液中室温温育 1min，滤纸快速压干。

8）置膜蛋白面朝上至保鲜膜上，小心赶尽气泡，放入 X 光片夹中曝光 30s。

9）曝光完成后，取出 X 光片，迅速浸入显影液中显影，待出现明显条带后，即刻终止显影。

10）显影结束后，马上把 X 光片浸入定影液中定影。

11）将胶片放入凝胶图像处理系统分析目标条带净光密度值。

1.3 统计学处理与结果

实验数据采用 SPSS13.0 统计软件及 Excel 统计软件分析，计量资料数据以均数 ± 标准差表示，进行单因素方差分析，组间比较采用 LSD 法，取 $P<0.05$ 有统计学意义。

1.3.1 slaty 与 melan-a 黑素细胞 Tyr、Dct 和过氧化氢酶活力比较

通过比较发现，slaty MC 酪氨酸酶活性为 102.63 ±0.75，melan-a MC 酪氨酸酶活性为 100.00 ±3.41，两种黑素细胞内酪氨酸酶

活性无明显差别（$P>0.05$）；slaty MC 过氧化氢酶活力为 18.32 ± 4.67，melan-a MC 过氧化氢酶活力为 17.41 ±1.06，两种黑素细胞内过氧化氢酶活力差异无统计学意义（$P>0.05$）；而与 melan-a MC 相比，slaty MC Dct 活力则减低约 38%，存在显著的统计学差异($P<0.05$)；数据获自三次独立的实验（图 1-1）。

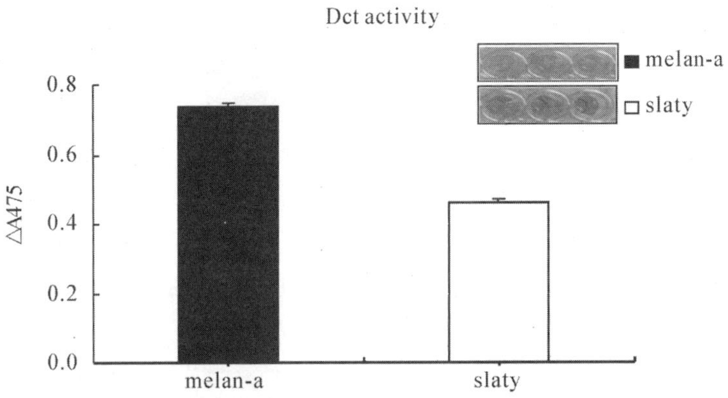

（a）slaty MC 与 melan-a MC 内 Dct 活性比较，△A475 = A475 对照组 - A475 细胞组

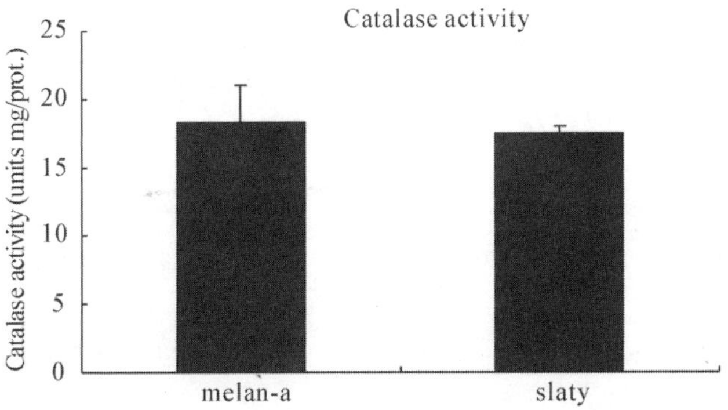

（b）slaty MC 与 melan-a MC 过氧化氢酶活力比较，数据以 1 个过氧化氢酶活力单位等于 25℃、pH 7.0 条件下，在 1min 内可以催化分解 1μmol/L 过氧化氢量来表示

图 1-1 slaty 与 melan-a 黑素细胞 Dct 和过氧化氢酶活力比较

1.3.2 slaty MC 与 melan-a MC 过氧化氢处理前后胞内 ROS 水平比较

细胞内 ROS 水平测定显示，过氧化氢处理前，slaty MC 与 melan-a MC 胞内的 ROS 水平分别为 6.33 ±0.17 vs 5.42 ±0.14，两组细胞间 ROS 水平无明显差别（$P>0.05$），过氧化氢处理后，slaty MC 胞内 ROS 水平急剧增加（18.29 ±0.54 vs 9.14 ±0.28），与 melan-a MC 相比，存在显著的统计学差异（$P<0.01$）（图 1-2，slaty MC 与 melan-a MC 经 100μmol/L H_2O_2处理后，2，7-二氯荧光素二乙酸酯（DCFH-DA）荧光探针监测胞内 ROS 水平变化，以细胞悬液的平均荧光强度代表胞内总的 ROS 水平，$P<0.05$ 为差异具有统计学意义，数据获自 3 次独立的实验）。提示 Dct 突变 slaty MC 可能存在 ROS 清除缺陷，尤其是细胞在氧化应激存在时表现更为突出。

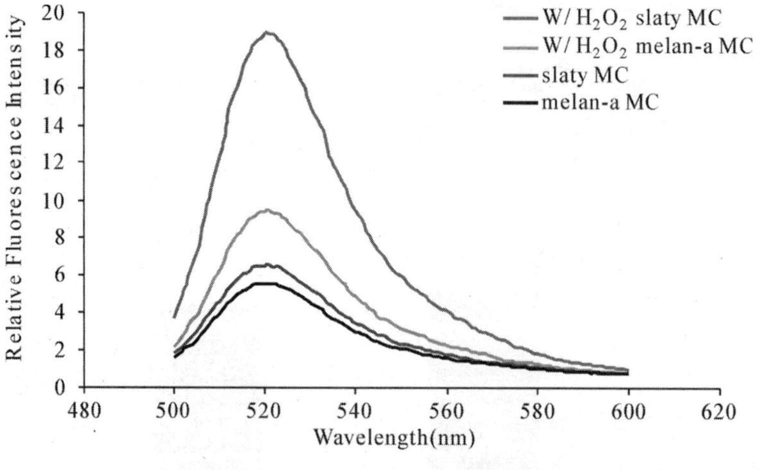

图 1-2 slaty MC 与 melan-a MC 过氧化氢处理前后胞内 ROS 水平比较

1.3.3 slaty MC 与 melan-a MC 蔗糖梯度离心片段超微结构观察

如图 1-3 所示，slaty MC 与 melan-a MC 经胰酶消化后，离心团块经玻璃匀浆器匀浆，匀浆团块颜色分别为棕褐色和奶黄色，蔗糖梯度离心后可见离心条带分别位于 1.0、1.2、1.4、1.6、1.8、2.0mol/L 蔗糖片段上层，分别取 1.2～1.4mol/L 及 1.6～1.8mol/L 层蔗糖片段行利用透射电镜观察其超微结构。

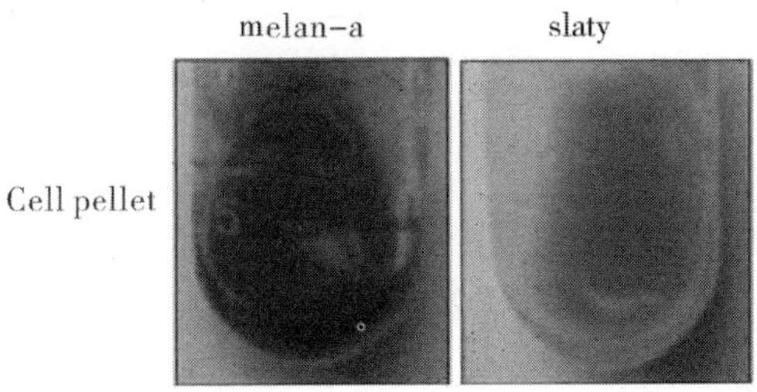

（a）Dct 突变 slaty MC 与 melan-a MC 色素化程度比较

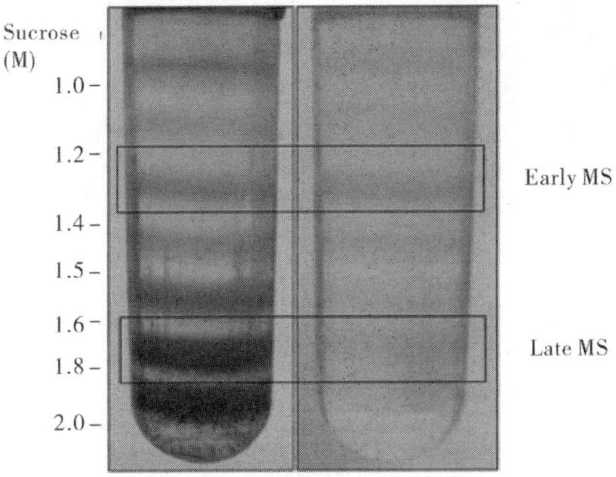

（b）蔗糖梯度离心分离后，Dct 突变 slaty MC 与 melan-a MC 黑素小体依密度梯度分布于各 mol/L 层蔗糖片段中

图 1-3　蔗糖梯度离心分离 Dct 突变 slaty MC 与 melan-a MC 黑素小体

进一步对离心分离各 mol/L 层蔗糖片段行 TEM 观察发现：1.2～1.4mol/L层蔗糖片段主要富含呈球形或卵圆形的 I-II 期黑素小体（早期黑素小体），1.6～1.8mol/L 层蔗糖片段主要可见以黑素沉积在纤维状横嵴为主的 III-IV 期黑素小体（晚期黑素小体），

与 melan-a MC 离心分离 1.6～1.8mol/L 层蔗糖片段相比，slaty MC 离心分离 1.6～1.8mol/L 层蔗糖片段则主要为 III 期黑素小体（图 1-4）。

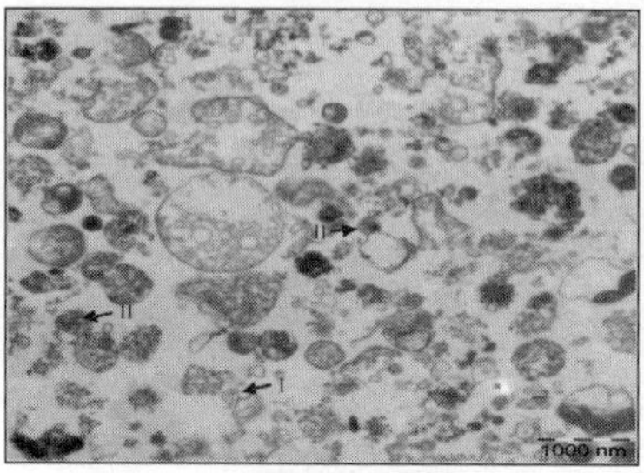

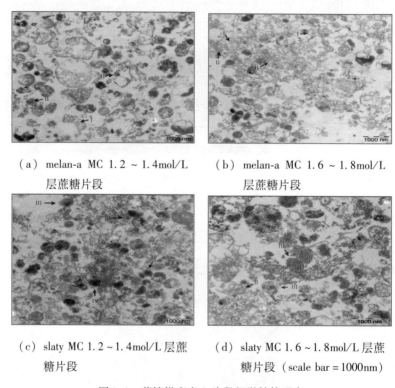

（a） melan-a MC 1.2～1.4mol/L 层蔗糖片段

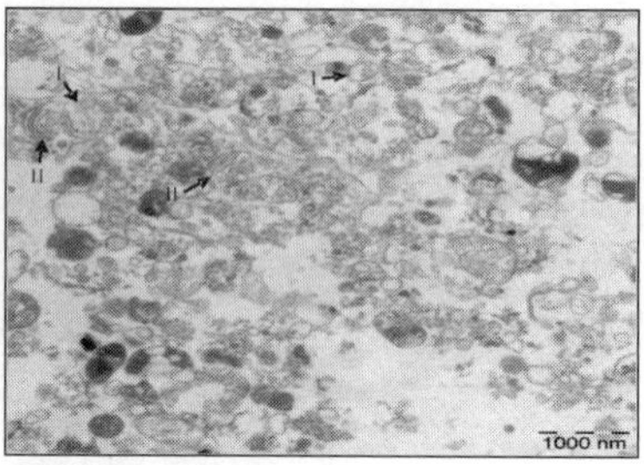

（b） melan-a MC 1.6～1.8mol/L 层蔗糖片段

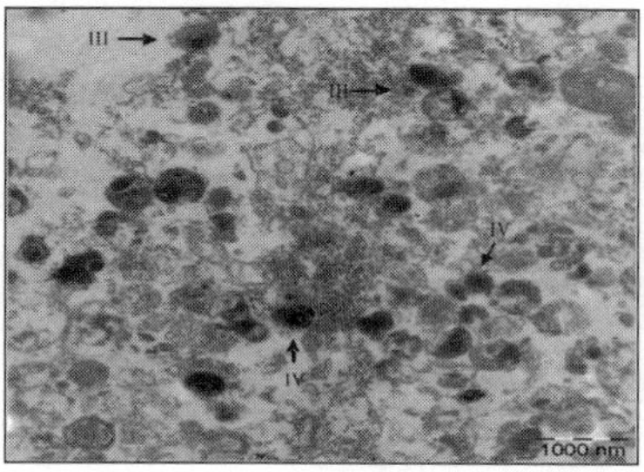

（c） slaty MC 1.2～1.4mol/L 层蔗糖片段

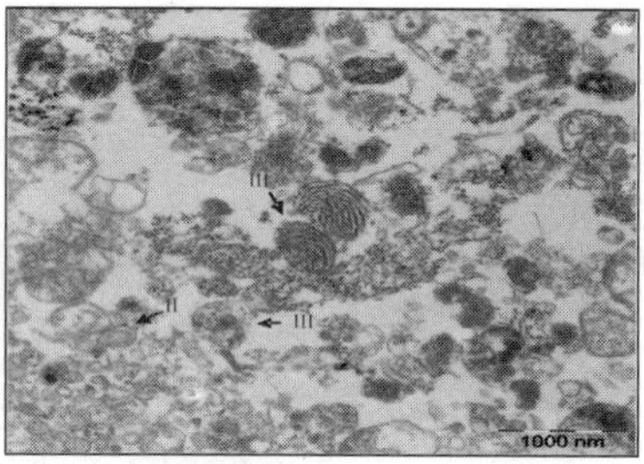

（d） slaty MC 1.6～1.8mol/L 层蔗糖片段（scale bar = 1000nm）

图 1-4　蔗糖梯度离心片段超微结构观察

1.3.4　slaty MC 与 melan-a MC 早期和晚期黑素生成蛋白表达水平及酶活性比较

如表 1 所示，slaty MC 晚期黑素小体蛋白 Dct 活性明显减低，而 melan-a MC 黑素小体蛋白 Dct 活性则变化不明显，两者之间的差异存在显著的统计学差异（$^{*}P<0.05$），而酪氨酸酶活性则在两组黑素小体蛋白之间变化不明显。Western Blot 蛋白印迹显示，VDAC1/Porin 在两组黑素小体蛋白之间表达量基本一致，Tyr 和

表 1　slaty MC 与 melan-a MC 早期和晚期黑素生成蛋白酶活性比较

	Melan-a MCs		Slaty MCs	
	Early MS	Late MS	Early MS	Late MS
Tyrosinase	130. 8 ±6. 0	130. 6 ±13. 0	135. 8 ± 7. 0	137. 7 ±2. 0
Dct	99. 8 ±2. 0	97. 9 ±2. 0	54. 1 ± 2. 0	28. 0 ± 2. 0*

注：* $P<0.05$，数据获自 3 次独立的实验。Early MS：早期黑素小体；Late MS：晚期黑素小体。

Tyrp1 蛋白在两组黑素小体蛋白中表达未见明显差异，但与 melan-a MC 晚期黑素小体蛋白相比，slaty MC 晚期黑素小体蛋白的 Dct 蛋白表达明显减低（* $P<0.05$）（图 1-5，等量蛋白（10μg）经 10% SDS-

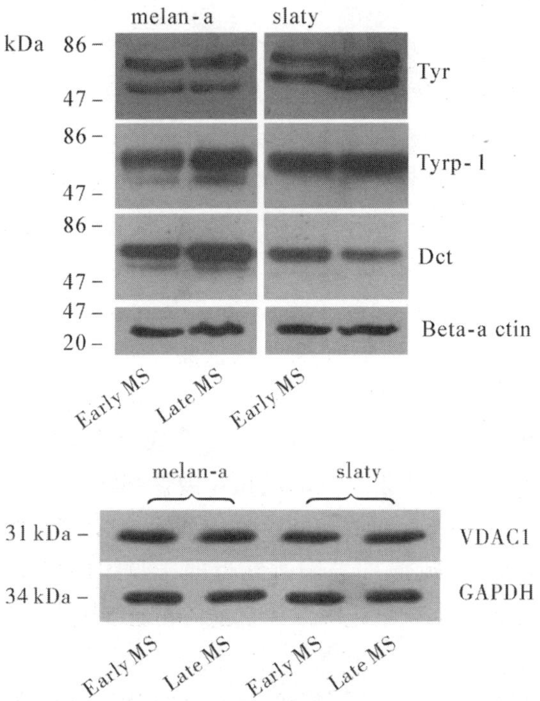

图 1-5　Western Blot 蛋白印迹检测 slaty MC 与 melan-a MC 早期和晚期黑素生成蛋白表达水平

PAGE 凝胶电泳后，转移至 PVDF 膜，兔多克隆抗体αPEP7（抗体稀释度为 1∶1000）、αPEP1（1∶2000）、αPEP8（1∶2000）检测 Tyr、Tyrp1 和 Dct 特异性条带表达，β-actin、GAPDH 为内参照，VDAC1/Porin 为线粒体内参）。

1.4 讨　　论

人类皮肤的基本颜色是由黑素细胞合成的黑素小体（melanosome）被输送至表皮角质形成细胞所形成。在表皮细胞中，角质形成细胞与黑素细胞在结构和功能上都存在着密切联系，每个黑素细胞伸出的树突状突起将黑素小体转运至周围的 36 个角质形成细胞，组成一个表皮黑素单位（epidermal melanin unit）[28]。到达角质形成细胞内的黑素小体分解为黑素颗粒，并在核周形成帽状结构，具有瞬时清除自由基、直接吸收或衍射紫外线（UV）的光保护作用，为皮肤和毛发接受 UV 照射后的指示剂（indicator）[29-30]。黑素小体从发育至成熟可人为地划分为四个不同的阶段：I 期黑素小体囊泡内网眼状的基质蛋白结构（luminal matrix proteins）由光面内质网发育而来，无可视的色素但含规则的膜性结构；II 期黑素小体囊泡延伸，内部的膜性结构有序地排列成平行状，转运高尔基体起源的网格蛋白被包被融合（trans-Golgi derived clathrin-coated），内部开始出现沿长轴排列的纤维丝状横嵴结构，黑素生成蛋白（Dct、Tyr 和 Tyrp1）、结构蛋白（Pmel17/gp 100）和黑色素瘤抗原（MART1）被相继输送至囊泡，开始具有合成黑素的能力；III 期黑素小体在横嵴上可见黑素序列的沉积（或像细线上的串珠）；成熟的 IV 期黑素小体则内部结构几乎完全消失，内部充满黑素颗粒[31-32]。黑素的生化反应即被限制在近似于封闭的黑素小体内，被认为是黑素细胞最大程度地减少黑素前体物质细胞毒性的一种防护策略[33]。

黑素细胞可合成三种不同类型的黑素，即 DHI-优黑素（黑棕/黑）、DHICA-优黑素（棕）和褐黑素（黄/红）[28]。在黑素生成过程中，多个黑素生成蛋白参与对黑素生成代谢的调控，共同影响着黑素生成的质与量。其中，Tyr 可催化 L-酪氨酸羟化生成 L-多巴和 L-多巴氧化生成 L-多巴醌，为黑素生成的限速酶。另一个重要的调节靶点是 Dct 催化多巴色素异构重排生成 5，6-二羟基吲哚羧酸（DHICA），然而 DHICA 自身并不能发生聚合，只有在 DHI 和 Tyr 存在时，DHICA 才被掺入到黑素聚合物中，否则多巴色素快速自发脱羧生成 5，6-二羟基吲哚（DHI）和大量 ROS。已有研究证实，三种黑素生成蛋白（Tyr、Tyrp1 和 Dct）在黑素小体内组成一多酶复合体，目的是提高黑素生化合成效率，维持酶蛋白自身的稳定和最大限度减少中间产物的细胞毒性[16]。在多酶复合体中，Dct 被认为是一种原位实时氧化应激清除剂（realtime scavenger），它能瞬时清除中间产物所诱生的活性氧基，通过调节 DHI/DHICA 比例，动态影响着黑素生成和吲哚分子的生物聚合速率，从而调整黑素细胞对 UVR 的防护能力，最终使皮肤黑素生成增加[17]。在小鼠，由于 Dct 基因突变[15]或基因敲除[16]并不能像 Tyr 和 Tyrp1 基因突变能获得著明的眼皮肤白化病表型，而且至今未有 Dct 基因突变导致人类色素减退性疾病发生的报道，故此，Dct 的生物学功能及其对黑素小体发育和功能影响很长时间以来并未引起人们足够的重视。

Dct 突变 slaty MC 是从新生 salty 小鼠表皮中分离培养出黑素细胞，该细胞内 Dct 酶活性仅为野生型黑素细胞的 36%[18]。我们的研究结果显示，与野生型 melan-a MC 相比，slaty 黑素细胞 Dct 酶活性明显减低，而酪氨酸酶、过氧化氢酶活性在两组黑素细胞之间的差异无统计学意义（$P>0.05$）。两种细胞匀浆团块颜色分别为棕褐色和奶黄色，蔗糖梯度离心分离 slaty MC 黑素小体后观察也证实，1.6～1.8mol/L 层蔗糖片段则主要为 III 期黑素小体，缺乏成熟的 IV 期黑素小体。Western Blot 蛋白印迹显示，slaty MC 晚期黑素小体 Dct 蛋白表达水平明显减低，与 melan-a MC 晚期黑素小体相比，差异存在显著的统计学意义（$P<0.05$）。提示 Dct 突变严重影响了晚期黑素小体的成熟发育，导致 slaty MC 呈色素稀释表型，而这种表型变化与酪氨酸酶的活性和蛋白表达水平无关。ROS 水平测定结果显示，H_2O_2 处理前，slaty MC 和 melan-a MC 胞内的 ROS 水平一致，但处理后，slaty MC 胞内的 ROS 水平急剧增加，

与 melan-a MC 相比，差异具有统计学差异（$P<0.05$）。提示 Dct 突变可导致 DHICA 优黑素合成减少，ROS 清除能力减低，尤其是细胞在高氧化应激状态下更为明显。基于以上研究，我们推测，三种黑素生成蛋白以多酶复合体形式存在于黑素小体膜，一旦功能不足或存在固有缺陷，Tyr 和 Tyrp1 可通过自身酶活性调节对 Dct 功能加以补偿[34]。但在持续的高氧化应激状态下，这种酶蛋白间所能给予的补偿可能显得不足，已大量生成的活性氧基分子（尤其是 H_2O_2）可引起黑素细胞功能障碍甚至破坏，继而作为始动事件激发对 MC 的免疫破坏。

第二章　Dct 调控的氧化应激改变对黑素小体蛋白免疫原性的影响

在第一章中，我们运用分光光度计法测定了 slaty MC 内 Tyr、Dct 和过氧化氢酶活性，二氯荧光素（DCFH-DA）标记法测定了 slaty MC 在 H_2O_2 处理前后胞内 ROS 水平的变化，分析了 slaty MC 不同时期蔗糖梯度离心片段的超微结构、酶活性和蛋白表达水平。结果发现，Dct 突变严重影响 slaty MC 晚期黑素小体的成熟发育、酶活性和蛋白表达水平，并导致细胞 ROS 清除能力减低，尤其是在氧化应激诱导存在时更为明显。本章拟进一步观察自蔗糖梯度离心分离 slaty MC 黑素小体蛋白是否对氧化应激更为敏感及黑素在维持黑素小体蛋白低免疫原性中所发挥的作用，并探讨其可能的作用机制。

2.1　实验材料

2.1.1　CB6F1 小鼠来源

6～8周龄雌性 CB6F1 小鼠（BABL/C × C57BL/6 杂交 F1 代，HLA 单倍型为 $H^{2d \times 2b}$）由北京维通利华实验动物技术有限公司提供，饲养于武汉大学 SPF 级实验动物房，实验动物的饲养和动物实验均获得武汉大学伦理委员会的批准[35]。

2.1.2　主要仪器设备

1）倒置荧光显微镜（IX51 型；日本 OLYMPUS 公司）

2）二氧化碳培养箱（CB150 型；德国 BINDER 公司）

3）洁净工作台（SW-CJ-2F 型；苏州安泰空气技术有限公司）

4）台式高速离心机（HC-2061 型；安新县白洋离心机厂）

5）台式低速离心机（BB7-160C 型；安新县白洋离心机厂）

6）pH 计（PB-10 型；德国 Sartorius 公司）

7）精密天平（CP124S 型；德国 Sartorius 公司）

8）双向定时恒温磁力搅拌器（90-2 型；上海楚定分析仪器有限公司）

9）反渗透去离子纯水机（RO-DI 型；上海和泰仪器有限公司）

10）自动三重纯水蒸馏器（SZ-97 型；上海亚荣生化仪器厂）

11）不锈钢立式电热蒸汽消毒器（YM50 型；上海三申医疗器械有限公司）

12）电热恒温干燥箱（202-1AB 型；天津市泰斯特仪器有限公司）

13）电热恒温水箱（HHW21-600 型；天津市泰斯特仪器有限公司）

14）多头样品细胞收集器（ZT-II 型；绍兴卫星医疗设备制造有限公司）

15）台式液体闪烁分析仪（2000CA 型；美国 Parkard 公司）

16）酶标仪（VICTOR2™；美国 Perkin Elmer 公司）

17）金属锁紧头玻璃注射器（140-3505 型；美国 Tomopal 公司）

18）Falcon 细胞筛网（352360 型；美国 BD 公司）

2.1.3 主要试剂及其配制

1. CB6F1（$H^{2d \times 2b}$）小鼠免疫相关试剂及其配制

1）弗氏完全佐剂（CFA；Sigma 公司产品）

2）弗氏不完全佐剂（IFA；Sigma 公司产品）

3）鸡卵白蛋白（OVA；Sigma 公司产品）

4）过氧化氢（Sigma 公司产品）

5）台盼蓝（上海国药集团化学试剂有限公司产品）

6）磷酸钾缓冲液（0.1mol/L；pH7.4）配制

磷酸氢二钠	1.97g
磷酸二氢钾	0.22g

加三蒸水至1000mL溶解，调pH值至7.4，过滤除菌，分装4℃保存。

2. CB6F1（$H^{2d\times2b}$）小鼠淋巴细胞分离相关试剂及其配制

1）RPMI 1640培养基（Gibco公司产品）

2）D-Hanks液

KCl	0.4 g
KH_2PO_4	0.06g
NaCl	8.0g
$NaHCO_3$	0.35g
$Na_2HPO_4\cdot12H_2O$	0.12g
酚红	0.01g

加三蒸水至1000mL溶解调，调pH值至7.4，高压消毒灭菌，4℃保存。

3）0.5%台盼蓝染液配制

台盼蓝	0.05g
生理盐水	10mL

0.22μm滤膜过滤，4℃保存。

3. CB6F1（$H^{2d\times2b}$）小鼠淋巴细胞培养相关试剂及其配制

1）RPMI 1640培养基（Gibco公司产品）

2）氯化铵（Sigma 公司产品）

3）胎牛血清（杭州四季青公司产品）

4）二巯基乙醇（Sigma 公司产品）

5）淋巴细胞培养基配制

RPMI 1640	10.4g
二巯基乙醇	20μmol/L
胎牛血清	2%

加三蒸水至 1000mL 溶解，调 pH 值至 7.4，过滤除菌，分装 4℃保存。

6）Tris-NH_4Cl 溶液配制

Tris 碱	0.17mol/L
氯化铵	0.16mol/L

加三蒸水至 500mL 溶解，调 pH 值至 7.2，过滤除菌，分装 4℃保存。

7）磷酸盐缓冲液（0.01mol/L PBS；pH7.2）配制

NaCl	8.0g
$Na_2HPO_4 \cdot 12H_2O$	1.44g
KH_2PO_4	0.24g
KCl	0.2g

加三蒸水至 1000mL 溶解，调整 pH 值至 7.2，高压灭菌后 4℃保存。

4. 黑素小体蛋白诱导的体液和细胞免疫相关试剂及其配制

1）氚标记的胸腺嘧啶核苷（^3H-TdR；上海原子能研究所产品）

2）5%三氯乙酸（北京索莱宝科技有限公司产品）
3）无水乙醇（上海国药集团化学试剂有限公司产品）
4）β闪烁液（Sigma公司产品）
5）HRP标记的羊抗鼠IgG（Santa Cruze公司产品）
6）TMB底物显色试剂盒（碧云天公司产品）
7）包被缓冲液配制

Tris碱	2.69g
三蒸水	50mL

调pH值至9.5，分装4℃保存。
8）封闭缓冲液配制

PBS（10×）	5mL
BSA	1g
叠氮钠	0.025g
三蒸水	45mL

勿高压灭菌，0.22μm滤膜过滤，4℃保存。
9）底物缓冲液配制

柠檬酸-磷酸氢二钠	1.02g
$Na_2HPO_4 \cdot 12\ H_2O$	3.68g
三蒸水	稀释至90mL终体积

充分搅拌后调pH值至5.0，定容至100mL。

10）底物溶液配制

四甲基联苯胺（TMB）	5mL
底物缓冲液	95mL（pH5.0）
H_2O_2	320μL

临用时按上述比例混合，避光保存。

11）终止液配制：2mol/L 硫酸溶液 10.9mL，逐渐滴加至 89.1mL 三蒸水中。

12）PBS（10×）缓冲液配制

NaCl	20g
KCl	0.5g
Na_2HPO_4（无水）	3.6g
KH_2PO_4	0.6g
Tween 20	1.25mL
叠氮钠	2.5g

加三蒸水至 200mL，勿高压灭菌，调 pH 值至 6.6~6.8。

2.2 实验方法

2.2.1 CB6F1（$H^{2d\times 2b}$）小鼠免疫

1. CB6F1（$H^{2d\times 2b}$）小鼠免疫分组

A 组：slaty MC 经 H_2O_2 处理后蔗糖梯度离心分离的晚期与早期黑素小体蛋白组，melan-a MC 经 H_2O_2 处理后蔗糖梯度离心分离的晚期与早期黑素小体蛋白组。

B 组：经 H_2O_2 处理的 slaty MC 与 melan-a MC 晚期黑素小体蛋

白组，slaty MC 与 melan-a MC 晚期黑素小体蛋白组。

C 组：OVA 作为阳性对照组[36-37]。

2. 免疫佐剂配制

A 组：将两种 MC 分别用 100μmol/L H_2O_2处理 1h，蔗糖梯度离心分离早期和晚期黑素小体蛋白，随后将早期或晚期黑素小体蛋白抗原与 CFA（初次免疫）或 IFA（加强免疫）充分乳化约 10min，2mL 注射器分装。

B 组：将 50μg 晚期黑素小体蛋白加入 100μmol/L H_2O_2至反应体系中 37℃孵育 60min，随后将晚期黑素小体蛋白与 CFA（初次免疫）或 IFA（加强免疫）充分乳化约 10min，2mL 注射器分装，对照组不加 H_2O_2。

C 组：将 50μg OVA 与 CFA（初次免疫）或 IFA（加强免疫）充分乳化约 10min，2mL 注射器分装。

3. CB6F1（$H^{2d\times2b}$）小鼠免疫步骤

1）剪除小鼠尾部尖取免疫前血清。

2）将 50μg 蛋白与弗氏完全佐剂采用双推法充分乳化混合，免疫小鼠后脚皮垫内（20μL）及鼠尾根部（10μL）。

3）2 周后，25μg 蛋白与弗氏不完全佐剂采用双推法充分乳化混合，腹腔注射加强免疫（300μL）。

4）1 周后行眶周采血，取免疫侧小鼠腹股沟、肋肋引流淋巴结和脾脏。

2.2.2　CB6F1（$H^{2d\times2b}$）小鼠 T 淋巴细胞分离及培养

1. CB6F1（$H^{2d\times2b}$）小鼠 T 淋巴细胞分离

1）CB6F1 小鼠脱颈处死，浸入 75%的乙醇中浸泡 1～2min，在超净台中小心剪开小鼠的腹部外皮，用 5mL 注射器针头固定。

2）剪开小鼠的腹腔，用镊子取出小鼠脾脏与免疫同侧腹股沟、肋肋引流淋巴结。

3）在 35mm 培养皿中加入无血清 RPMI 1640 培养液，放置 Falcon 细胞筛网，然后用 5mL 注射器活塞轻轻研磨小鼠脾脏或淋巴结，使得分散的单细胞透过尼龙网进入 RPMI 1640 培养液中，制备成单个细胞悬液。

4）用 4mL 培养液冲洗筛网，将冲洗液加入单个细胞悬液中。

5）把悬有脾脏细胞或淋巴结细胞的分离液立即转移到离心管中，1500rpm 离心 10min，弃上清，再加入红细胞裂解液以去除红细胞。

6）8mL Tris-NH4Cl 于 37℃水浴中作用 8 ~ 10min；无菌 PBS 离心洗涤 1 次（1500rpm；10min），倾倒上清液，加入含 2% FBS 的 RPMI 1640 培养基重悬。

7）台盼蓝染色细胞计数，调细胞数为 1×10^{5}/孔，接种于 96 孔板。

2. CB6F1（$H^{2d\times2b}$）小鼠 T 淋巴细胞培养

加入终浓度分别为 0.3、1、3、10、30μg/mL 的上述黑素小体蛋白至 96 孔板，并设置复孔，接种 T 淋巴细胞后于 37℃，5% CO_2 继续培养 2 天。

2.2.3 CB6F1（$H^{2d\times2b}$）小鼠眼眶静脉丛血样采集

1）用左手拇指、食指从背部握住小鼠颈部，取血时，左手拇指及食指轻轻压迫小鼠的颈部两侧，使眶后静脉丛充血。

2）右手持医用采血管，使采血管与小鼠面部成 45°的夹角，由小鼠眼内角刺入采血管，采血管尖头先向眼球，刺入 2 ~ 3mm 后再转 180°使斜面对着眼眶后界。

3）当感到有阻力时即停止推进，将针退出约 0.1 ~ 0.5mm，边退边抽。此时血液能自然流入毛细管中，每只小鼠采血 0.2 ~ 0.3mL 后即去除加于颈部的压力，将采血管拔出，适当加压止血。

4）将采集的血样静置后取上清，-20℃保存备用。

2.2.4 黑素小体蛋白诱导的体液免疫反应测定

1）实验原理

T 细胞在体外受到抗原刺激后，细胞的代谢和形态发生变化，主要表现为胞内蛋白质和核酸合成增加，发生一系列的增殖反应，如细胞变大、胞质增多、胞质出现空泡、核染色质疏松、核仁明显，并转化为淋巴母细胞。在转化为淋巴母细胞的过程中，DNA合成明显增加，且转化程度与DNA的合成呈正相关。在终止培养前8～16h，若将氚标记的胸腺嘧啶核苷（^{3}H-TdR）加入到培养液中，即被转化的淋巴细胞摄取而掺入到新合成的DNA中。培养结束后，用液体闪烁仪测定淋巴细胞内放射性核素量，计算每分钟脉冲数及刺激指数，判断淋巴细胞转化程度。

2）淋巴结T细胞培养2天后，每孔加入1 uCi ^{3}H-TdR（放射比活度851TBq/mol）继续培养14～16h，^{3}H-TdR掺入法测定黑素小体蛋白或OVA激发的T淋巴细胞回忆增殖反应。

3）ZT -II多头样品细胞收集器将细胞收集在滤纸上，蒸馏水抽滤3次，反复冲吸培养孔，以保证滤纸未掺入游离的^{3}H-TdR被完全除去。

4）5%三氯乙酸淋洗滤膜并抽吸3次，使细胞固定在滤膜上。

5）无水乙醇洗膜抽滤3次，取下滤膜60℃烘干。

6）用镊子将每片滤纸夹入含有闪烁液的闪烁瓶内，闪烁瓶中加入闪烁液1mL，β液闪仪中测胸腺嘧啶的掺入量，结果用cmp（每分钟脉冲数）均数±标准误表示淋巴细胞增殖程度。

2.2.5　黑素小体蛋白诱导的细胞免疫反应测定

1）实验原理

将特异性抗原包被在固相上，加入被测抗体，经过孵育洗涤后，加入抗IgG酶标记物。结合在固相上的酶活性与被测抗体数量成正比。

2）抗原包被酶标板：5μg上述黑素小体蛋白或OVA加至100μL包被缓冲液中（终浓度50μg/mL），加到酶标板孔内，4℃过夜。

3）稀释被测血清标本：小鼠血清标本用稀释液作1:4、1:8、1:16、1:32、1:64、1:128倍稀释，每份标本均做双复孔。

4）洗板：37℃孵育1h，洗涤液洗板×3次。

5）二抗孵育：HRP标记的羊抗鼠IgG（1∶5000）室温孵育1h，洗涤液洗板×3次，5min/次。

6）显色：底物显色系统显色，酶标板中每孔加入200μL TMB显色工作液，室温避光孵育3～30min，其中，3′，3′，5′，5′-四甲基联苯胺为HRP的显色底物，TMB显色底物工作液在HRP的催化下可形成蓝色的阳离子产物，在370nm和652nm处有主要吸收峰。

7）终止：加酸终止反应后，蓝色转变为黄色，ELISA上机测450nm处OD值。

2.3 统计学处理与结果

实验数据采用SPSS13.0统计软件及Excel统计软件分析，淋巴细胞增殖程度以均数±标准误表示，血清IgG滴度采用Wilcoxon秩和检验进行统计学分析，取$P<0.05$有统计学意义。

2.3.1 黑素小体蛋白免疫CB6F1小鼠后解剖学观察

小鼠免疫程序及技术路线见图2-1，50μg蛋白抗原与弗氏完全

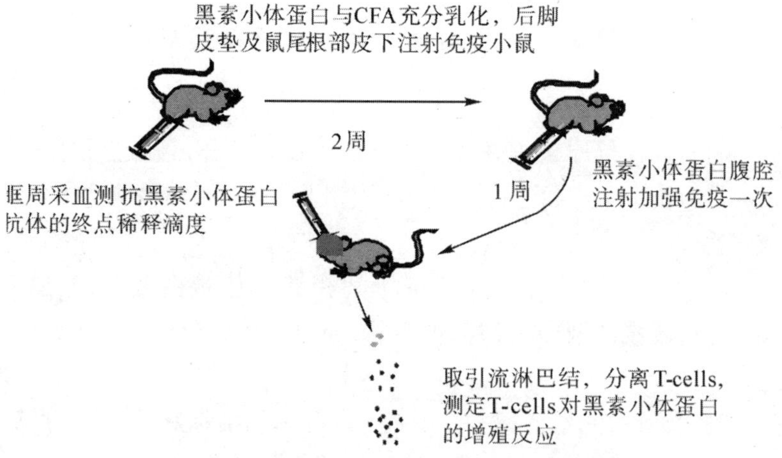

图2-1　CB6F1小鼠免疫程序与技术路线

佐剂（CFA）采用双推法充分乳化混合后，免疫小鼠后脚皮垫内（20μL）及鼠尾根部（10μL），两周后将25μg纯化黑素小体蛋白行腹腔注射加强免疫一次，一周后行小鼠眶周采血测定抗黑素小体蛋白抗体的终点稀释滴度。小鼠处死后取免疫侧小鼠腹股沟、胁肋引流淋巴结分离T淋巴细胞，测定黑素小体蛋白对T细胞的回忆增殖反应。黑素小体蛋白（50μg）与等体积的弗氏完全佐剂（CFA）乳化后，皮下注射于CB6F1小鼠的脚垫与鼠尾根部，直至注射部成苍白色。免疫小鼠一周后，肉眼可见小鼠免疫侧后肢沿脚垫向上逐渐肿胀，腹股沟区可触及肿大的淋巴结，约米粒大小，质地偏硬，可以活动，有粘连感。动物处死后分离区域引流淋巴结也发现，小鼠腹股沟、胁肋引流淋巴结增大至黄豆大小，脾脏也明显肿大（图2-2、图2-3）。图2-2中，50μg黑素小体蛋白与弗氏完全佐剂（CFA）采用双推法充分乳化混合后，免疫小鼠后脚皮垫内（20μL）及鼠尾根部（10μL），一周后，可见小鼠免疫侧后肢沿脚垫向上逐渐肿胀，腹股沟区可触及肿大的淋巴结。Early MS：早期黑素小体蛋白；Late MS：晚期黑素小体蛋白；Late MS w/H_2O_2：晚期黑素小体蛋白经H_2O_2处理；Late MS only：晚期黑素小体蛋白无H_2O_2处理；control：对照组（无任何处理因素）。图2-3中，50μg蛋白抗原与弗氏完全佐剂（CFA）乳化后，皮下注射于CB6F1小鼠的脚垫与鼠尾根部。一周后小鼠腹股沟区可触及肿大的淋巴结，3周动物处死后分离区域引流淋巴结，取小鼠腹股沟、胁肋引流淋巴结分离T淋巴细胞。

2.3.2 黑素小体蛋白免疫CB6F1小鼠后T淋巴细胞形态学观察

免疫系统的一个重要特征是再次遇到初次致敏的抗原时，会出现一个二次增强应答，而这一应答则由长寿命的记忆性淋巴细胞承担。当初始T细胞接受抗原和协同刺激因子双重激发后，通过程序化的机制，T细胞群经过扩增、收缩和记忆三个时相增殖分化为效应细胞，并逐渐形成具有长期存活和增殖能力的记忆细胞。而反

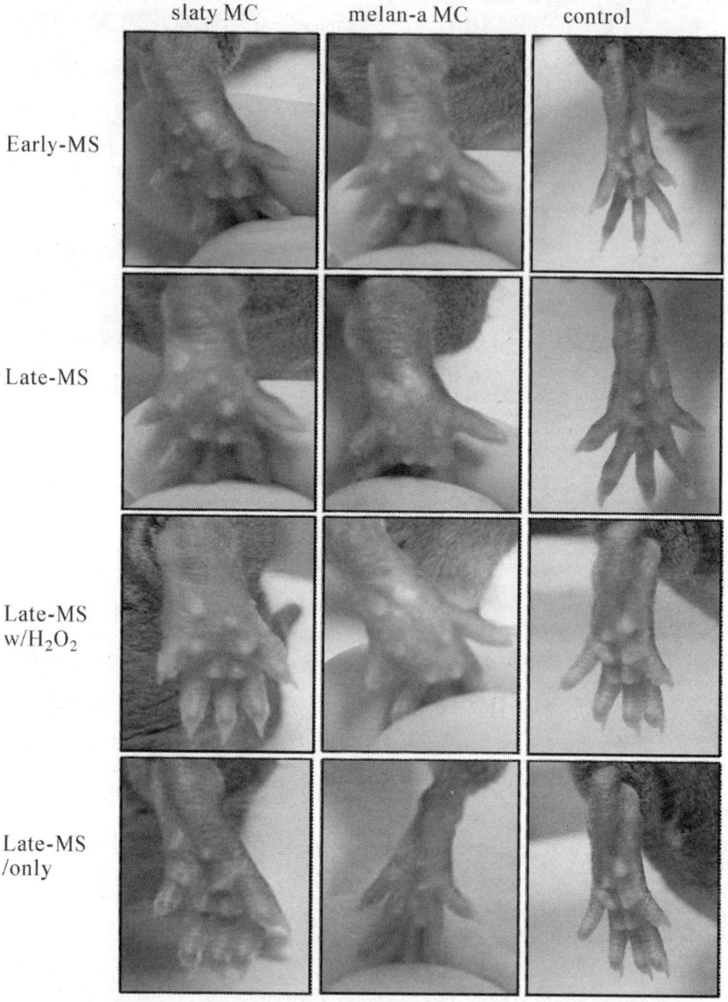

图 2-2　Dct 突变 slaty MC 与 melan-a MC 黑素小体蛋白免疫 CB6F1 小鼠

应性记忆主要由中枢性记忆 T 细胞（TCM）介导，该细胞定居于外周淋巴器官的 T 细胞区，不直接行使效应功能，在抗原再次刺激时重新分化为效应细胞。

我们通过分离淋巴结 T 细胞后，在体外给予同等黑素小体蛋

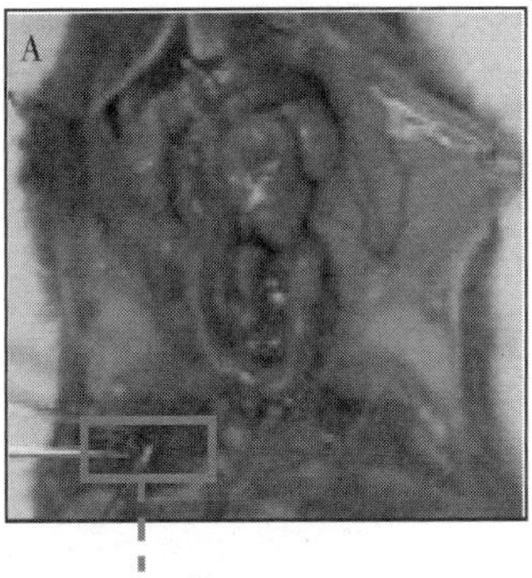

(a) 腹股沟淋巴结

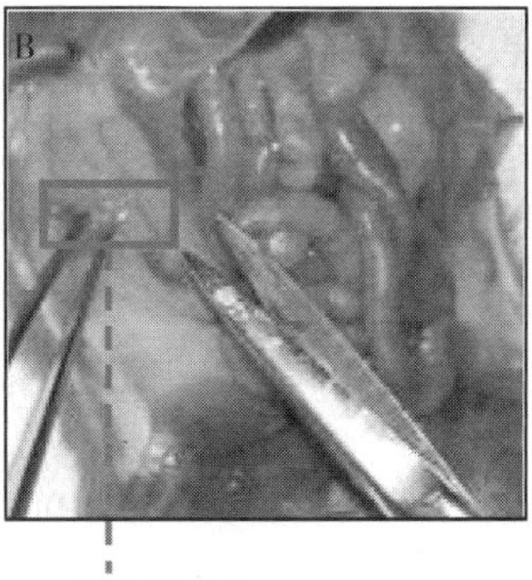

(b) 肋肋淋巴结

图 2-3 CB6F1 小鼠免疫后解剖学观察

白刺激，在显微镜下观察发现，自 H_2O_2处理的 slaty MC 分离获得的晚期黑素小体蛋白较早期黑素小体蛋白 T 淋巴细胞克隆体积增大，胞浆增多而深染，多呈圆形或椭圆形；而与 melan-a MC 晚期黑素小体蛋白相比，slaty MC 晚期黑素小体蛋白经 H_2O_2处理后较同等蛋白对照组 T 淋巴细胞克隆数目增多，单个克隆体积增大（图 2-4，免疫同侧小鼠腹股沟淋巴结 T 细胞培养在含 2% FBS 的 RPMI 1640 培养基中，加入不同浓度的相同黑素小体蛋白于 37℃、5% CO_2继续培养 2 天，氚标记的胸腺嘧啶核苷掺入法测定黑素小体蛋白激发的 T 淋巴细胞回忆增殖反应。）。

2.3.3 slaty MC 和 melan-a MC 早期与晚期黑素小体蛋白免疫原性的比较

蔗糖梯度离心分离黑素小体后发现，1.2 ~ 1.4mol/L 层蔗糖片段主要富含 I-II 期黑素小体（早期黑素小体），1.6 ~ 1.8mol/L 层蔗糖片段主要可见为 III-IV 期黑素小体（晚期黑素小体），相对于 melan-a MC 而言，slaty MC 1.6 ~ 1.8mol/L 层蔗糖片段主要可见为 III 期黑素小体，缺乏黑素沉积的 IV 期黑素小体，且 Dct 蛋白表达明显减低。

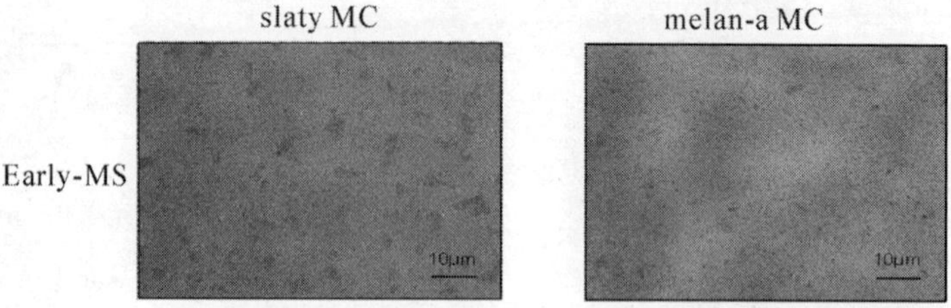

（a）slaty MC 经 H_2O_2 处理后蔗糖梯度离心分离的早期黑素小体蛋白

（b）melan-a MC 经 H_2O_2 处理后蔗糖梯度离心分离的早期黑素小体蛋白

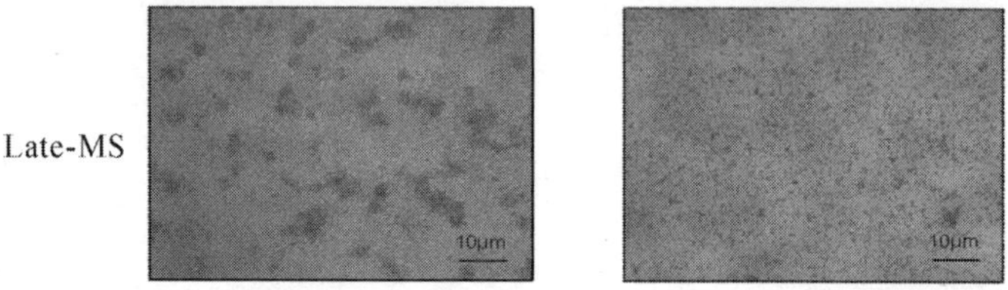

（c）slaty MC 经 H_2O_2 处理后蔗糖梯度离心分离的晚期黑素小体蛋白

（d）melan-a MC 经 H_2O_2 处理后蔗糖梯度离心分离的晚期黑素小体蛋白

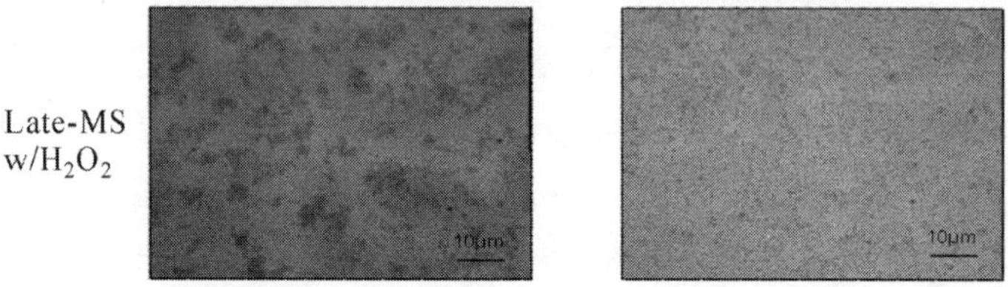

（e）经 H_2O_2 处理的 slaty MC 晚期黑素小体蛋白

（f）经 H_2O_2 处理的 melan-a MC 晚期黑素小体蛋白

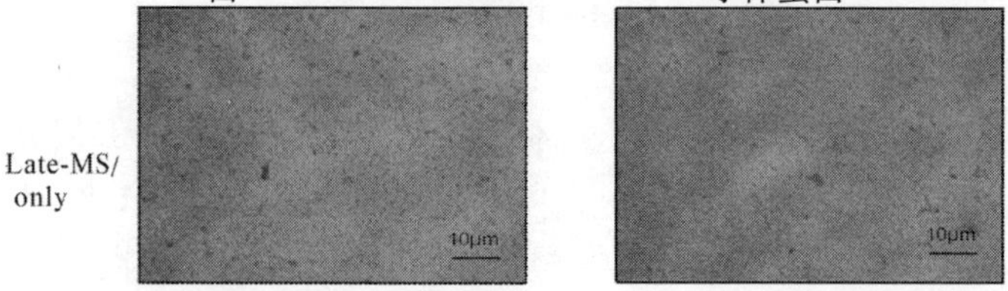

（g）slaty MC 晚期黑素小体蛋白

（h）melan-a MC 晚期黑素小体蛋白

图 2-4　CB6F1 小鼠免疫侧 T 淋巴细胞培养

为进一步阐明黑素在维持黑素小体蛋白低免疫原性中所发挥的作用，经 H_2O_2处理后，slaty MC 和 melan-a MC 早期黑素小体（缺乏黑素）和晚期黑素小体（富含黑素）蛋白免疫 CB6F1 小鼠后，氚标记的胸腺嘧啶核苷掺入法测定黑素小体蛋白激发的 T 淋巴细胞回忆增殖反应，酶联免疫吸附实验测定血清抗黑素小体蛋白特异性 IgG 反应。结果显示，在氧化应激状态下，晚期黑素小体蛋白尤其是 slaty MC 晚期黑素小体蛋白免疫原性增强，主要表现为 T 细胞回忆增殖反应增强和特异性抗晚期黑素小体蛋白血清 IgG 滴度增高（图 2-5）。图 2-5（a）为 CB6F1 小鼠免疫早期黑素小体蛋白（◇：melan-a MC；□：slaty MC）和晚期黑素小体蛋白（●：melan-a MC；▲：slaty MC），3 周后取免疫侧小鼠腹股沟淋巴结分离 T 淋巴细胞，与相同蛋白抗原共同孵育 2 天后，氚标记的胸腺嘧啶核苷掺入法测定黑素小体蛋白激发的 T 淋巴细胞回忆增殖反应，每组含 3～5只小鼠，结果以 cmp（每分钟脉冲数）的均数±标准误表示淋巴细胞增殖程度，* P 值代表与相对应 melan-a MC 晚期黑素小体蛋白相比较；图 2-5（b）为 CB6F1 小鼠免疫后行眶周采血，酶联免疫吸附实验测定血清黑素小体特异性 IgG 反应，抗黑素小体抗体滴度采用终点稀释法进行半定量估计，水平线代表终点稀释度中位数，血清 IgG 滴度采用 Wilcoxon 秩和检验进行统计学分析，* P 值代表 Dct 突变 slaty MC 晚期黑素小体蛋白与 melan-a MC 晚期黑素小体蛋白相比较。

2.3.4 氧化应激对黑素小体蛋白免疫原性的影响

基于以上研究，我们推测，slaty MC 黑素小体蛋白可能较 melan-a MC 黑素小体蛋白对氧化应激更为敏感，在高氧化应激状态下，slaty MC 晚期黑素小体蛋白结构很可能发生了修饰甚至断裂，使内部含有隐蔽抗原表位的肽片段暴露，继而引发了免疫原性的改变。我们通过给予 slaty MC 和 melan-a MC 以 100μmol/L H_2O_2处理（对照组不加 H_2O_2处理），应用蔗糖梯度离心分离晚期黑素小体蛋白后免疫 CB6F1 小鼠。如图 2-6 所示，在经过 H_2O_2处理后，slaty MC 晚期黑素小体蛋白诱导所的 T 淋巴细胞回忆增殖反

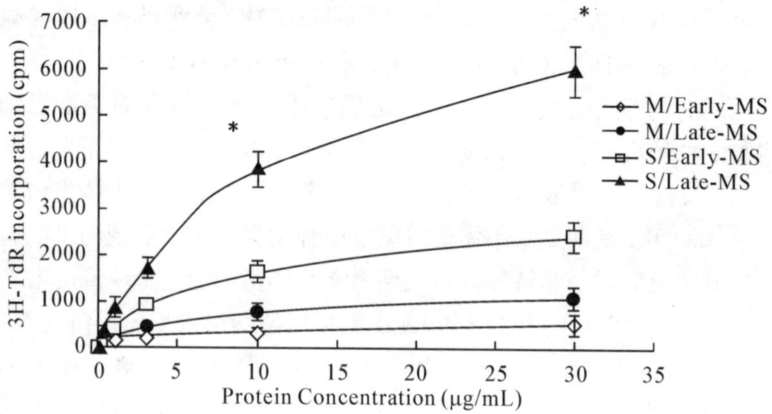

(a)

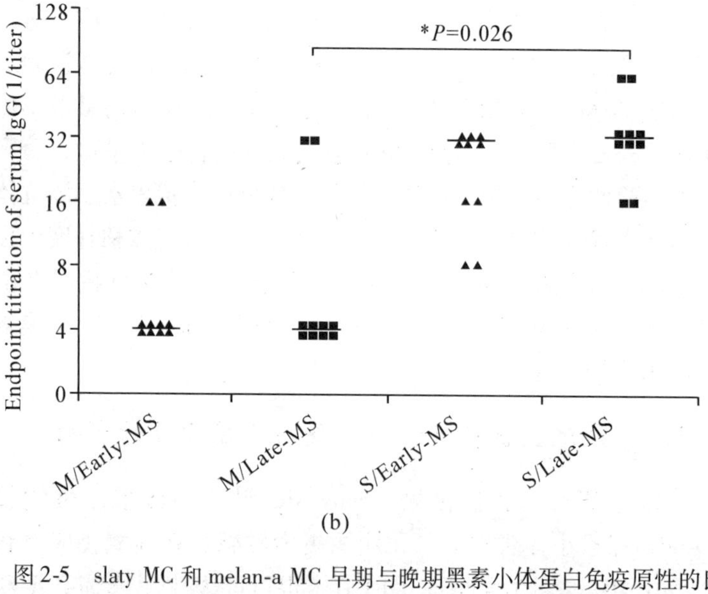

(b)

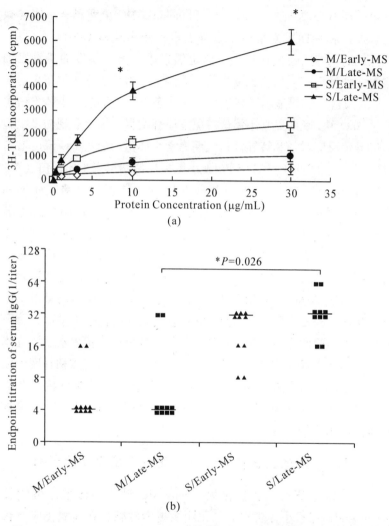

图 2-5　slaty MC 和 melan-a MC 早期与晚期黑素小体蛋白免疫原性的比较

应增强和特异性抗晚期黑素小体蛋白血清 IgG 滴度增高，而 melan-a MC 晚期黑素小体蛋白则变化不明显，提示 Dct 突变可能导致抗氧化作用丢失，继而严重影响 Dct 蛋白立体结构和黑素生成蛋白复合体的稳定性，从而导致免疫原性增强。图 2-6（a）为 CB6F1 小

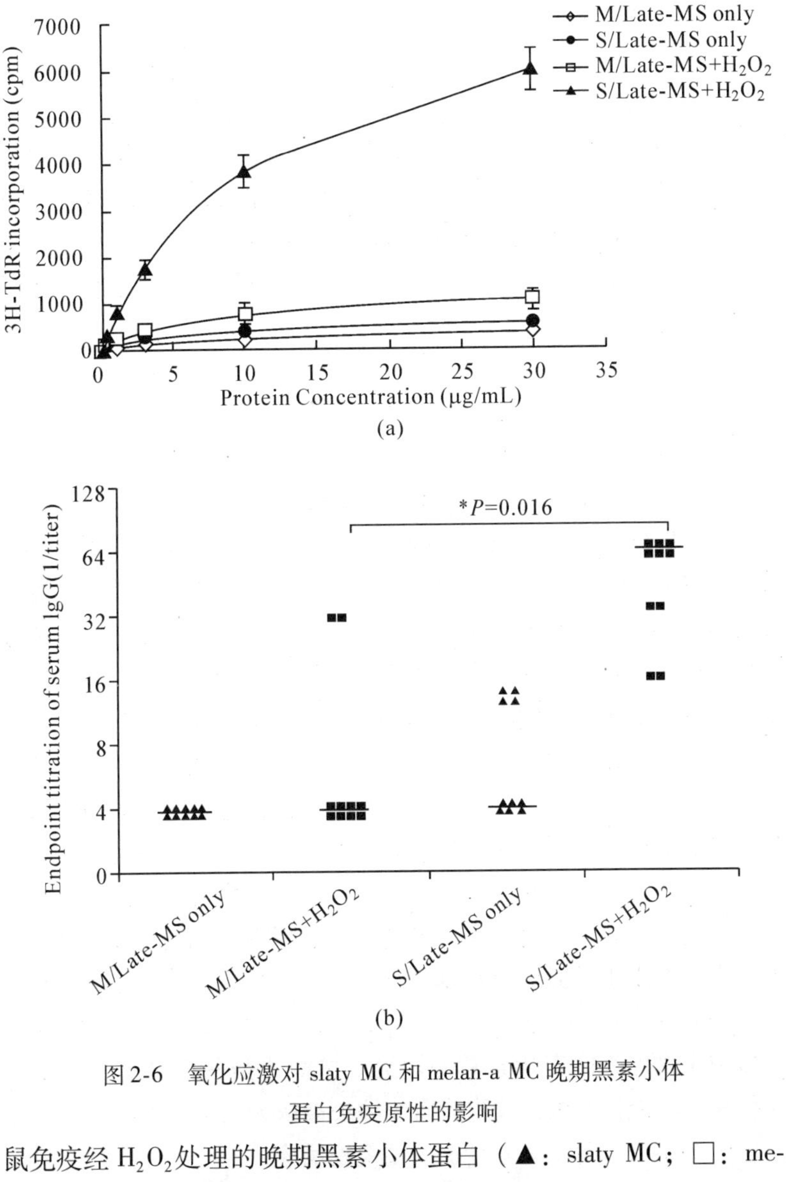

图 2-6 氧化应激对 slaty MC 和 melan-a MC 晚期黑素小体蛋白免疫原性的影响

鼠免疫经 H_2O_2处理的晚期黑素小体蛋白（▲：slaty MC；□：melan-a MC）和对照组晚期黑素小体蛋白（●：slaty MC；◇：melan-a MC），3 周后取免疫侧小鼠腹股沟淋巴结分离 T 淋巴细胞，与相应蛋白抗原共同孵育 2 天后，氚标记的胸腺嘧啶核苷掺入法测定黑素小体蛋白激发的T淋巴细胞回忆增殖反应，每组含3～5只小鼠，结果以cmp（每分钟脉冲数）均数±标准误表示淋巴细胞增殖程度，$^*P$值代表与相对应slaty MC未经H_2O_2处理的晚期黑素小体蛋白相比较；图2-6（b）为CB6F1小鼠免疫后行眶周采血，酶联免疫吸附实验测定血清黑素小体特异性IgG反应，抗黑素小体抗体滴度采用终点稀释法进行半定量估计，水平线代表终点稀释度中位数，血清IgG滴度采用Wilcoxon秩和检验进行统计学分析，$^*P$值代表slaty MC晚期黑素小体蛋白与melan-a MC晚期黑素小体蛋白H_2O_2处理组相比较。

2.4 讨　　论

白癜风是一种获得性的皮肤黏膜色素异常，人群中患病率约为0.38%～1.13%[38]。其病因及发病机制仍不完全清楚，人们认为：(1）遗传倾向；(2）神经末梢释放的某些毒性物质对黑素细胞造成的损伤；（3）黑素合成的生化反应过程中毒性物质（主要为H_2O_2)的过多堆积，导致黑素细胞氧化应激防护机制失衡；(4）自身免疫学说等可能共同参与了白癜风的病理发生[39]。临床观察发现，患者常伴发某些自身免疫性疾病，如自身免疫性甲状腺疾病、恶性贫血、Addison病、斑秃、系统性红斑狼疮和炎症性肠病等；在患者血清中可发现一些自身抗体的存在，如抗胃壁细胞抗体、抗肾上腺抗体、抗甲状腺球蛋白抗体等；某些恶性黑素瘤患者在治疗中可伴发白癜风，而白癜风皮损的出现也常预示着黑素瘤的好转；外用或内服皮质类固醇可使部分患者皮损痊愈[40-41]。在白癜风患者活动期皮损和/或血清中，检测到的多种抗黑素小体蛋白的自身抗体和T淋巴细胞表达异常等均提示白癜风是一种自身免疫相关性疾病。功能性的黑素细胞障碍或缺失被认为是黑素小体蛋白自身反应T细胞或自身抗体介导的一种免疫反应[3,11]。

近年来，对黑素细胞免疫原性的研究已成为焦点，人们相信导致白癜风黑素细胞破坏的免疫反应很可能也能对恶性转化黑素瘤细胞产生有效的免疫攻击[42]。Overwijk等用重组编码mgp100、 mMART-1、mTyr、mDct 的疫苗病毒来免疫 C57BL/6 小鼠，故意诱导机体对黑素小体蛋白产生特异性免疫反应，企图转化黑素瘤细胞遭受攻击。遗憾的是，这些自身蛋白缺乏免疫原性，因为针对黑素小体蛋白反应的 T 细胞克隆在胸腺和外周血早已被删除或灭活[43]。然而，Cui 等研究发现，针对黑素细胞表面一个或多个抗原成分，其分子量为 35KD、40～45KD、75KD、90KD 和 150KD 抗原在色素细胞上均有表达。利用 ELISA 和放免法的确识别到多种黑素细胞特异性蛋白（如 Tyr、Tyrp1、Dct、Pmel17、MCHR1 和转录因子受体 SOX9/10 等）自身抗原成分的存在[44]。在白癜风患者血清中存在的抗黑素细胞 MCHR1 自身抗体，在体外证实可通过激活补体或抗体依赖细胞介导的细胞毒作用（ADCC）来杀伤黑素细胞，从病人血清中分离的 IgG 抗体对黑素瘤细胞也能产生有效攻击，导致细胞破坏[45-46]。

自身免疫性疾病的发生与免疫耐受机制异常有关，机体存在针对自身反应性 T 细胞激活的负反馈调节，如 $CD4^+CD25^+Foxp3^+$ 调节性 T 细胞（Treg）、抑制性细胞因子 TGF-B、IL-10 等，这些抑制性调节异常可导致自身反应性淋巴细胞的激活[47]。新近的研究表明，在白癜风皮损、皮损周缘和非皮损区 Tregs 细胞明显减少，Th17/Tregs 失衡或 Th1/Th2/Th17/Tregs 平衡的失调与白癜风疾病的发生发展密切相关[48]。与健康个体相比，与活化相关的表面抗原 CD25 分子在白癜风患者中表达明显增加，提示抗原介导的免疫反应增强，同时反应性 Tregs 细胞增多。在 B16 黑色素瘤动物模型实验中也发现，$CD4^+$ T 细胞包括 Tregs 细胞的缺失导致排斥反应加强，提示 Tregs 细胞对维持黑素细胞自身抗原的免疫耐受至关重要[6]。因此有学者提出自身免疫性白癜风的发生很可能与免疫耐受状态的破坏有关。各种内源性和外源性的因素致黑素细胞溶解，释放的某些自身抗原通过 MHC II 分子途径呈递给自身反应 $CD8^+$ 细胞毒 T 细胞，通过 T 细胞介导的细胞毒作用使细胞溶解破坏。同时，抗黑素细胞自身抗体与抗原结合后形成抗原抗体复合物，通过激活补体或抗体依赖细胞介导的细胞毒作用（ADCC）来杀伤黑素细胞。然而，对免疫系统是如何识别这些黑素小体内膜上隐蔽的抗原表位肽，黑素小体蛋白免疫耐受的状态究竟是如何遭到破坏的，至今仍未清楚[3]。

Duthoit 等观察在一定浓度 H_2O_2作用下，甲状腺球蛋白可发生断裂，生成具有免疫反应性的多肽，这些多肽还能被桥本氏甲状腺炎病人血清中抗甲状腺球蛋白自身抗体所识别[49]。已有证据显示，H_2O_2在白癜风表皮内大量堆积，甚至高达毫摩尔浓度[50]。因此我们推测，白癜风黑素细胞很可能在清除黑素生成中间产物及活性氧基方面存在一定缺陷，黑素细胞内过多生成的活性氧基分子（尤其是 H_2O_2）可对已发生聚合的黑素进行高强度攻击，导致聚合物中的吲哚单位氧化断裂，使内部隐蔽的抗原表位肽暴露，改变了蛋白的免疫原性，继而作为始动因素激发对黑素细胞的免疫破坏。

为进一步阐明白癜风患者由氧化应激所介导黑素小体蛋白免疫原性改变的早期上游事件，我们运用梯度离心法获得经 H_2O_2处理和未经 H_2O_2处理 slaty MC 早期和晚期黑素小体蛋白，免疫 CB6F1 小鼠后以观察黑素小体蛋白诱发免疫反应的能力。免疫一周后，肉眼观察发现小鼠免疫侧后肢沿脚垫向上逐渐肿胀，动物处死后分离区域引流淋巴结也发现，小鼠腹股沟、胁肋引流淋巴结及脾脏明显肿大。显微镜下观察发现，自 H_2O_2处理的 slaty MC 分离获得的晚期黑素小体蛋白较早期黑素小体蛋白 T 淋巴细胞克隆体积增大，胞浆增多而深染，多呈圆形或椭圆形；自 H_2O_2处理的 slaty MC 分离获得的晚期黑素小体蛋白较同等蛋白对照组 T 淋巴细胞克隆数目增多，单个克隆体积增大，而 melan-a MC 晚期黑素小体蛋白组则这种变化不明显。提示在氧化应激状态下，slaty MC 晚期黑素小体蛋白免疫原性发生改变，可诱导和增强免疫应答。在下章研究中，我们将进一步给予外源性 DHI/DHICA（1∶1）-优黑素分别与蔗糖梯度离心分离的两种 MC 晚期黑素小体蛋白进行孵育，经H_2O_2处理后来测定其抗氧化保护能力。

第三章　合成的 DHI/DHICA(1∶1)-优黑素在维持黑素小体蛋白低免疫原性中的作用

结合第一章和第二章的研究，我们证实了在氧化应激状态下，slaty MC 晚期黑素小体蛋白免疫原性可发生改变，增强了其诱导体液和细胞免疫反应能力。本章拟通过将合成的 DHI 或 DHI/DHICA（1∶1）-优黑素分别与蔗糖梯度离心分离的两种 MC 晚期黑素小体蛋白进行孵育，经 H_2O_2处理后来测定其所诱导的体液和细胞免疫反应能力。

3.1　实验材料

3.1.1　CB6F1 小鼠来源

6～8周龄雌性 CB6F1 小鼠（BABL/C × C57BL/6 杂交 F1 代，HLA 单倍型为 $H^{2d \times 2b}$）由北京维通利华实验动物技术有限公司提供，饲养于武汉大学 SPF 级实验动物房，实验动物的饲养和动物实验均获得武汉大学伦理委员会的批准[35]。

3.1.2　主要仪器设备

1）倒置荧光显微镜（IX51 型；日本 OLYMPUS 公司）
2）二氧化碳培养箱（CB150 型；德国 BINDER 公司）
3）洁净工作台（SW-CJ-2F 型；苏州安泰空气技术有限公司）
4）台式高速离心机（HC-2061 型；安新县白洋离心机厂）
5）台式低速离心机（BB7-160C 型；安新县白洋离心机厂）

6）pH 计（PB-10 型；德国 Sartorius 公司）

7）精密天平（CP124S 型；德国 Sartorius 公司）

8）双向定时恒温磁力搅拌器（90-2 型；上海楚定分析仪器有限公司）

9）反渗透去离子纯水机（RO-DI 型；上海和泰仪器有限公司）

10）自动三重纯水蒸馏器（SZ-97 型；上海亚荣生化仪器厂）

11）不锈钢立式电热蒸汽消毒器（YM50 型；上海三申医疗器械有限公司）

12）电热恒温干燥箱（202-1AB 型；天津市泰斯特仪器有限公司）

13）电热恒温水箱（HHW21-600 型；天津市泰斯特仪器有限公司）

14）多头样品细胞收集器（ZT-II 型；绍兴卫星医疗设备制造有限公司）

15）台式液体闪烁分析仪（2000CA 型；美国 Parkard 公司）

16）酶标仪（VICTOR2™；美国 Perkin Elmer 公司）

17）金属锁紧头玻璃注射器（140-3505 型；美国 Tomopal 公司）

18）Falcon 细胞筛网（352360 型；美国 BD 公司）

3.1.3 主要试剂及其配制

1. CB6F1（$H^{2d\times 2b}$）小鼠免疫相关试剂及其配制

1）弗氏完全佐剂（CFA；Sigma 公司产品）

2）弗氏不完全佐剂（IFA；Sigma 公司产品）

3）鸡卵白蛋白（OVA；Sigma 公司产品）

4）DHI-优黑素（Kazumasa Wakamatsu 惠赠）（见图 3-1）

5）DHI/DHICA（1∶1）-优黑素（Kazumasa Wakamatsu 惠赠）（见图 3-1）

6）过氧化氢（Sigma 公司产品）

7）台盼蓝（上海国药集团化学试剂有限公司产品）

8）磷酸钾缓冲液（0.1mol/L；pH7.4）配制

磷酸氢二钠	1.97g
磷酸二氢钾	0.22g

加三蒸水至 1000mL 溶解，调 pH 值至 7.4，过滤除菌，分装 4℃保存。

2. CB6F1（$H^{2d \times 2b}$）小鼠淋巴细胞分离相关试剂及其配制

1）RPMI 1640 培养基（Gibco 公司产品）

2）D-Hanks 液

KCl	0.4 g
KH_2PO_4	0.06g
NaCl	8.0g
$NaHCO_3$	0.35g
$Na_2HPO_4 \cdot 12H_2O$	0.12g
酚红	0.01g

加三蒸水至 1000mL 溶解调，调 pH 值至 7.4，高压消毒灭菌，4℃保存。

3）0.5% 台盼蓝染液配制

台盼蓝	0.05g
生理盐水	10mL

0.22μm 滤膜过滤，4℃保存。

3. CB6F1（$H^{2d\times 2b}$）小鼠淋巴细胞培养相关试剂及其配制

1）RPMI 1640 培养基（Gibco 公司产品）

2）氯化铵（Sigma 公司产品）

3）胎牛血清（杭州四季青公司产品）

4）二巯基乙醇（Sigma 公司产品）

5）淋巴细胞培养基配制

RPMI 1640	10.4g
二巯基乙醇	20μmol/L
胎牛血清	2%

加三蒸水至 1000mL 溶解，调 pH 值至 7.4，过滤除菌，分装 4℃保存。

6）Tris-NH_4Cl 溶液配制

Tris 碱	0.17mol/L
氯化铵	0.16mol/L

加三蒸水至 500mL 溶解，调 pH 值至 7.2，过滤除菌，分装 4℃保存。

7）磷酸盐缓冲液（0.01mol/L PBS；pH7.2）配制

NaCl	8.0g
$Na_2HPO_4 \cdot 12H_2O$	1.44g
KH_2PO_4	0.24g
KCl	0.2g

加三蒸水至 1000mL 溶解，调整 pH 值至 7.2，高压灭菌后 4℃保存。

4. 黑素小体蛋白诱导的体液和细胞免疫相关试剂及其配制

1）氚标记的胸腺嘧啶核苷（^{3}H-TdR；上海原子能研究所产品）

2）5% 三氯乙酸（北京索莱宝科技有限公司产品）

3）无水乙醇（上海国药集团化学试剂有限公司产品）

4）β 闪烁液（Sigma 公司产品）

5）HRP 标记的羊抗鼠 IgG（Santa Cruze 公司产品）

6）TMB 底物显色试剂盒（碧云天公司产品）

7）包被缓冲液配制

Tris 碱	2.69g
三蒸水	50mL

调 pH 值至 9.5，分装 4℃保存。

8）封闭缓冲液配制

PBS（10×）	5mL
BSA	1g
叠氮钠	0.025g
三蒸水	45mL

勿高压灭菌，0.22μm 滤膜过滤，4℃保存。

9）底物缓冲液配制

柠檬酸-磷酸氢二钠	1.02g
$Na_2HPO4 \cdot 12\ H_2O$	3.68g
三蒸水	稀释至 90mL 终体积

充分搅拌后调 pH 值至 5.0，定容至 100mL。

10）底物溶液配制

四甲基联苯胺（TMB）	5mL
底物缓冲液	95mL（pH5.0）
H_2O_2	320μL

临用时按上述比例混合，避光保存。

11）终止液配制：2mol/L 硫酸溶液 10.9mL，逐渐滴加至 89.1mL 三蒸水中。

12）PBS（10×）缓冲液配制

NaCl	20g
KCl	0.5g
Na_2HPO_4（无水）	3.6g
KH_2PO_4	0.6g
Tween 20	1.25mL
叠氮钠	2.5g

加三蒸水至 200mL，勿高压灭菌，调 pH 值至 6.6～6.8。

3.2 实验方法

3.2.1 CB6F1（$H^{2d\times 2b}$）小鼠免疫

1. CB6F1（$H^{2d\times 2b}$）小鼠免疫佐剂配制

将免疫小鼠分为四组：与 DHI-优黑素和 DHICA-优黑素孵育的 slaty MC 晚期黑素小体蛋白组；与 DHI-优黑素和 DHICA-优黑素孵育的 melan-a MC 晚期黑素小体蛋白组[51]。另 OVA 作为阳性对照组[36-37]。

将DHI-优黑素、DHI/DHICA(1∶1)-优黑素溶解于10mmol/L无菌磷酸钾缓冲液中(终浓度10mg/mL)，将50μg黑素小体蛋白分别与200μg DHI-优黑素或DHI/DHICA(1∶1)-优黑素冰上孵育30min，加入100μmol/L H_2O_2至反应体系中37℃孵育60min，随后将黑素小体蛋白与CFA(初次免疫)或IFA(加强免疫)充分乳化约10min，2mL注射器分装。

2. CB6F1（$H^{2d\times 2b}$）小鼠免疫步骤见第二章2.2.1节

3.2.2　CB6F1（$H^{2d\times 2b}$）小鼠T淋巴细胞分离及培养

1. CB6F1（$H^{2d\times 2b}$）小鼠T淋巴细胞分离

1）CB6F1小鼠脱颈处死，浸入75%的乙醇中浸泡1～2min，在超净台中小心剪开小鼠的腹部外皮，用5mL注射器针头固定。

2）剪开小鼠的腹腔，用镊子取出小鼠脾脏与免疫同侧腹股沟、肋肋引流淋巴结。

3）在35mm培养皿中加入无血清RPMI 1640培养液，放置Falcon细胞筛网，然后用5mL注射器活塞轻轻研磨小鼠脾脏或淋巴结，使得分散的单细胞透过尼龙网进入RPMI 1640培养液中，制备成单个细胞悬液。

4）用4mL培养液冲洗筛网，将冲洗液加入单个细胞悬液中。

5）把悬有脾脏细胞或淋巴结细胞的分离液立即转移到离心管中，1500rpm离心10 min，弃上清，再加入红细胞裂解液以去除红细胞。

6）8mL Tris-NH4Cl于37℃水浴中作用8～10min；无菌PBS离心洗涤1次（1500rpm；10min），倾倒上清液，加入含2% FBS的RPMI 1640培养基重悬。

7）台盼蓝染色细胞计数，调细胞数为1×10^5/孔，接种于96孔板。

2. CB6F1（$H^{2d\times 2b}$）小鼠T淋巴细胞培养

加入终浓度分别为0.3、1、3、10、30μg/mL的上述处理的黑素小体蛋白至96孔板，并设置复孔，接种T淋巴细胞后于37℃、

5% CO_2继续培养 2 天。

3.2.3 CB6F1（$H^{2d \times 2b}$）小鼠眼眶静脉丛血样采集

1）用左手拇指、食指从背部握住小鼠颈部，取血时，左手拇指及食指轻轻压迫小鼠的颈部两侧，使眶后静脉丛充血。

2）右手持医用采血管，使采血管与小鼠面部成 45°的夹角，由小鼠眼内角刺入采血管，采血管尖头先向眼球，刺入 2 ~ 3mm 后再转 180°使斜面对着眼眶后界。

3）当感到有阻力时即停止推进，将针退出约 0.1 ~ 0.5mm，边退边抽。此时血液能自然流入毛细管中，每只小鼠采血 0.2 ~ 0.3mL 后即去除加于颈部的压力，将采血管拔出，适当加压止血。

4）将采集的血样静置后取上清，-20℃保存备用。

3.2.4 黑素小体蛋白诱导的体液免疫反应测定

1）实验原理

T 细胞在体外受到抗原刺激后，细胞的代谢和形态发生变化，主要表现为胞内蛋白质和核酸合成增加，发生一系列的增殖反应，如细胞变大、胞质增多、胞质出现空泡、核染色质疏松、核仁明显，并转化为淋巴母细胞。在转化为淋巴母细胞的过程中，DNA 合成明显增加，且转化程度与 DNA 的合成呈正相关。在终止培养前 8 ~ 16h，若将氚标记的胸腺嘧啶核苷（^{3}H-TdR）加入到培养液中，即被转化的淋巴细胞摄取而掺入到新合成的 DNA 中。培养结束后，用液体闪烁仪测定淋巴细胞内放射性核素量，计算每分钟脉冲数及刺激指数，判断淋巴细胞转化程度。

2）淋巴结 T 细胞培养 2 天后，每孔加入 1 uCi ^{3}H-TdR（放射比活度 851TBq/mol）继续培养 14 ~ 16h，^{3}H-TdR 掺入法测定黑素小体蛋白或 OVA 激发的 T 淋巴细胞回忆增殖反应。

3）ZT -II 多头样品细胞收集器将细胞收集在滤纸上，蒸馏水抽滤 3 次，反复冲吸培养孔，以保证滤纸未掺入游离的^{3}H-TdR 被完全除去。

4）5%三氯乙酸淋洗滤膜并抽吸 3 次，使细胞固定在滤膜上。

5）无水乙醇洗膜抽滤 3 次，取下滤膜 60℃烘干。

6）用镊子将每片滤纸夹入含有闪烁液的闪烁瓶内，闪烁瓶中加入闪烁液 1mL，β 液闪仪中测胸腺嘧啶的掺入量，结果用 cmp（每分钟脉冲数）均数±标准误表示淋巴细胞增殖程度。

3.2.5　黑素小体蛋白诱导的细胞免疫反应测定

1）实验原理

将特异性抗原包被在固相上，加入被测抗体，经过孵育洗涤后，加入抗 IgG 酶标记物。结合在固相上的酶活性与被测抗体数量成正比。

2）抗原包被酶标板：5μg 上述黑素小体蛋白或 OVA 加至 100μL 包被缓冲液中（终浓度 50μg/mL），加到酶标板孔内，4℃过夜。

3）稀释被测血清标本：小鼠血清标本用稀释液作 1∶4、1∶8、1∶16、1∶32、1∶64、1∶128 倍稀释，每份标本均做双复孔。

4）洗板：37℃孵育 1h，洗涤液洗板 ×3 次。

5）二抗孵育：HRP 标记的羊抗鼠 IgG（1∶5000）室温孵育 1h，洗涤液洗板 ×3 次，5min/次。

6）显色：底物显色系统显色，酶标板中每孔加入 200μL TMB 显色工作液，室温避光孵育 3～30min，其中，3′，3′，5′，5′-四甲基联苯胺为 HRP 的显色底物，TMB 显色底物工作液在 HRP 的催化下可形成蓝色的阳离子产物，在 370nm 和 652nm 处有主要吸收峰。

7）终止：加酸终止反应后，蓝色转变为黄色，ELISA 上机测 450nm 处 OD 值。

3.3　统计学处理与结果

实验数据采用 SPSS13.0 统计软件及 Excel 统计软件分析，淋巴细胞增殖程度以均数±标准误表示，血清 IgG 滴度采用 Wilcoxon 秩和检验进行统计学分析，取 $P<0.05$ 有统计学意义。

3.3.1 合成的 DHI 与 DHI/DHICA (1∶1) -优黑素对小鼠免疫反应的初步观察

我们通过运用酪氨酸酶催化其自身的单体成分合成 DHI 和 DHI/DHICA(1∶1)-优黑素(图 3-1，黑素聚合物中的两个关键吲哚阻滞分子(DHI/DHICA)能以不同的比例相互作用，共聚组合成 π-堆叠(π-stacked)层状的大分子网络系统，我们通过运用酪氨酸酶催化其自身的单体成分合成 DHI 和 DHI/DHICA(1∶1)-优黑素后，可见 DHI-优黑素呈黑色，DHI/DHICA(1∶1)-优黑素则呈棕褐色)，分别与蔗糖梯度离心分离的 slaty MC 和 melan-a MC 晚期黑素小体蛋白进行孵育，经 H_2O_2处理后免疫小鼠，一周后可见小鼠免疫侧后肢沿脚垫向上逐渐肿胀，腹股沟区可触及肿大的淋巴结，约米粒大小，质地偏硬，可以活动，有粘连感。动物处死后分离区域引流淋巴结也发现，小鼠腹股沟、胁肋引流淋巴结增大至黄豆大小，脾脏也明显肿大。显微镜下观察也发现，DHI/DHICA (1∶1)-优黑素与 slaty MC 晚期黑素小体蛋白孵育组较 DHI-优黑素孵育组 T 淋巴细胞克隆数目明显减少，单个克隆体积变小。如图 3-2 所示，合成 DHI 和 DHI/DHICA(1∶1)-优黑素(200μg)与黑素小体蛋白(50μg)孵育，经 H_2O_2处理后充分乳化，免疫小鼠后脚皮垫内(20μL)及鼠尾根部(10μL)，一周后可见小鼠免疫侧后肢沿脚垫向上逐渐肿胀，

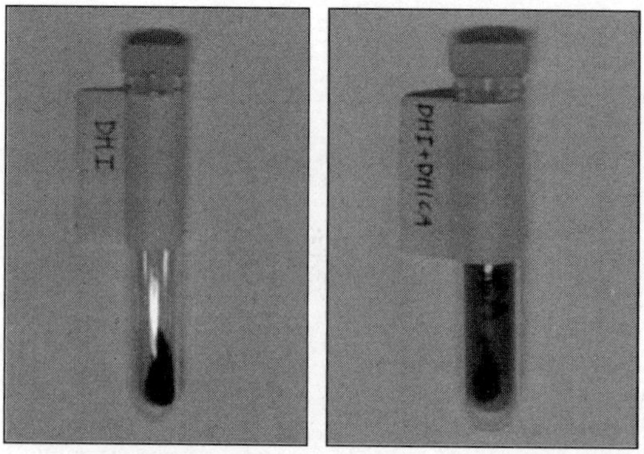

图 3-1　DHI-优黑素和 DHI/DHICA(1∶1)-优黑素的合成

腹股沟区可触及肿大的淋巴结。免疫同侧小鼠腹股沟淋巴结T细胞培养在含2%FBS的RPMI 1640培养基中，加入不同浓度的相同黑素小体蛋白于37℃、5%CO_2继续培养2天后，可见DHI/DHICA (1∶1)-优黑素组T淋巴细胞克隆数目明显减少，单个克隆体积变小。

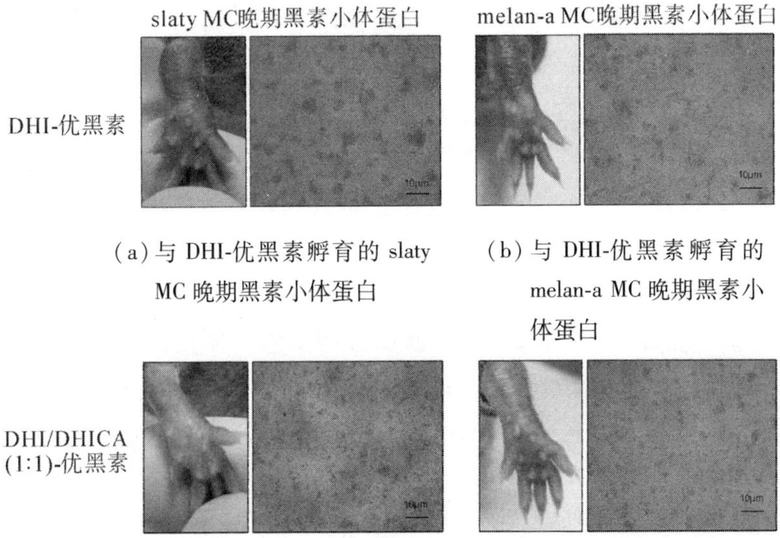

(a)与DHI-优黑素孵育的slaty MC晚期黑素小体蛋白

(b)与DHI-优黑素孵育的melan-a MC晚期黑素小体蛋白

(c)与DHI/DHICA(1∶1)-优黑素孵育的slaty MC晚期黑素小体蛋白

(d)与DHI/DHICA(1∶1)-优黑素孵育的melan-a MC晚期黑素小体蛋白

图3-2　合成的DHI与DHI/DHICA(1∶1)-优黑素对小鼠免疫反应的初步观察

3.3.2　合成的DHI/DHICA(1∶1)-优黑素对维持黑素小体蛋白低免疫原性影响

Dct为黑素小体内调控H_2O_2的水平的主要抗氧化酶，它通过调节DHI/DHICA比例，动态影响着黑素合成与吲哚分子的生物聚合速率。Dct突变slaty MC Dct蛋白表达水平和酶活性明显降低，DHICA-优黑素合成减少，致使优黑素对H_2O_2清除下降，从而致slaty MC黑素小体蛋白免疫原性增强，通过补充一定量的DHICA-

优黑素清除这种高或持续的氧化应激状态后，是否可恢复维持黑素小体蛋白低免疫原性状态呢?

我们通过体外合成 DHI-优黑素和 DHI/DHICA(1∶1)-优黑素(见图 3-1)，分别与晚期黑素小体蛋白在体外进行孵育后，观察了其经 H_2O_2处理后的抗氧化保护能力及对体液和细胞免疫反应的影响。如图 3-3 所示，DHI-优黑素和 DHI/DHICA(1∶1)-优黑素分别与晚期黑素小体蛋白体外孵育后经 H_2O_2处理，随即免疫 CB6F1 小鼠，结果表明，与 DHI-优黑素孵育的晚期黑素小体蛋白 T 淋巴细胞回忆增殖反应增强和特异性抗晚期黑素小体蛋白血清 IgG 滴度增高，而与 DHI/DHICA(1∶1)-优黑素孵育的晚期黑素小体蛋白这一效应则表现不明显。提示 Dct 通过调控 DHICA 单体掺入到 DHI 聚合骨架中的比例影响着黑素的抗氧化能力，合成的 DHI/DHICA(1∶1)-优黑素可清除 ROS，从而在维持黑素小体蛋白低免疫原性中发挥着重要作用。图 3-3(a)为 DHI/DHICA(1∶1)-优黑素与晚期黑素小体蛋白(◇：melan-a MC；□：slaty MC)或 DHI-优黑素与晚期黑素小体蛋白(●：melan-a MC；▲：slaty MC)孵育后免疫 CB6F1 小鼠，3 周后取免疫侧小鼠腹股沟淋巴结分离 T 淋巴细胞，与相应蛋白抗原共同孵育 2 天后，氚标记的胸腺嘧啶核苷掺入法测定黑素小体蛋白激发的 T 淋巴细胞回忆增殖反应，每组含 3 ~ 5 只小鼠，结果以 cmp(每分钟脉冲数)均数±标准误表示淋巴细胞增殖程度，$^*P$值代表与相对应 DHI/DHICA(1∶1)-优黑素孵育组相比较；图3-3(b)为 CB6F1 小鼠免疫后行眶周采血，酶联免疫吸附实验测定血清黑素小体特异性 IgG 反应，抗黑素小体抗体滴度采用终点稀释法进行半定量估计，水平线代表终点稀释度中位数，血清 IgG 滴度采用 Wilcoxon 秩和检验进行统计学分析，$^*P$ 值代表 DHI-优黑素与 DHI/DHICA(1∶1)-优黑素孵育组相比较。

图 3-4 中，DHICA/DHI 吲哚单位遭到破坏，丧失其抗氧化能力，甚至可能会表现为促氧化作用。图 3-5 中，大量生成的活性氧基分子(尤其是 H_2O_2)对已发生聚合的黑素进行高强度的攻击，导致黑素聚合物中吲哚单位发生氧化断裂，使内部隐蔽的抗原表位肽

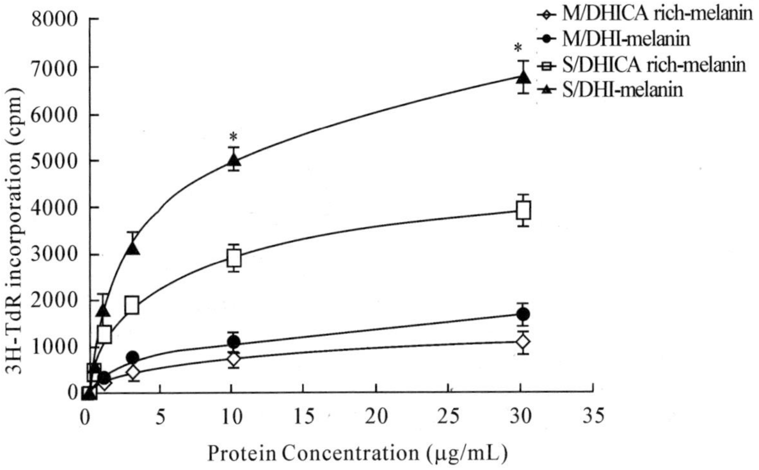

(a)

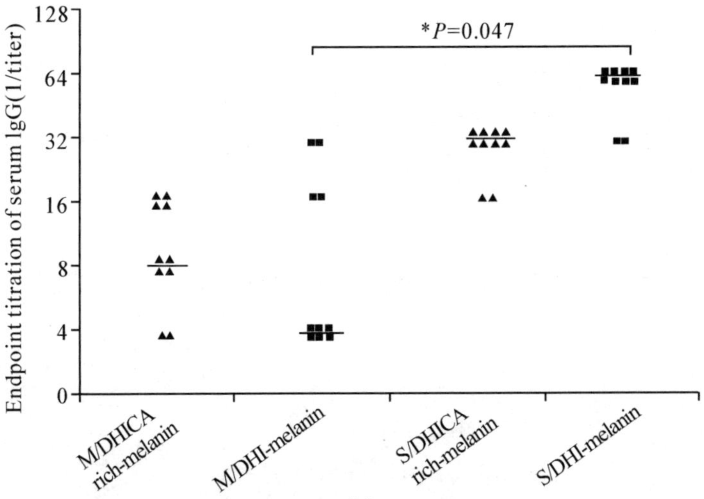

(b)

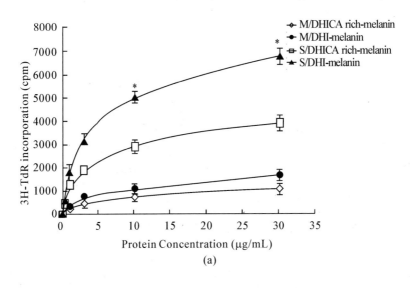

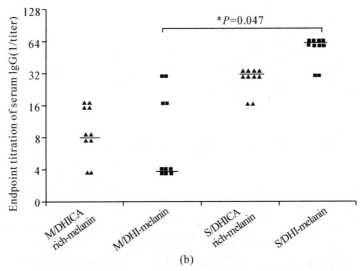

图 3-3　合成的 DHI 与 DHI/DHICA(1∶1)-优黑素对维持黑素小体蛋白低免疫原性的影响

暴露。图 3-6 中，与吲哚单位相连的黑素小体蛋白发生断裂，生成具有免疫反应性的多肽。如未能即时清除，则氧化修饰后的蛋白片段可能成为半抗原，具有强的免疫原性。

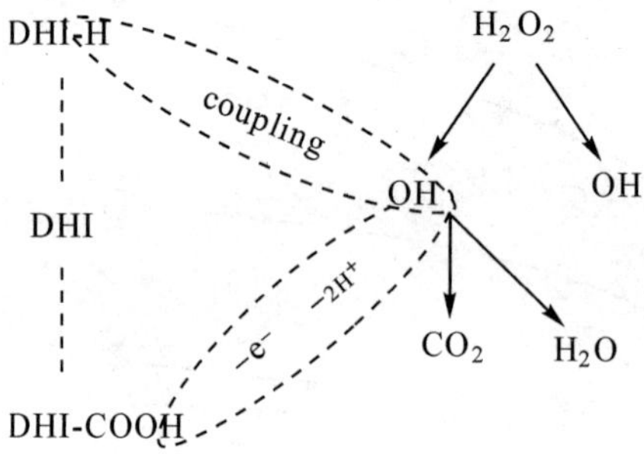

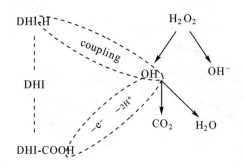

图 3-4 黑素小体蛋白免疫耐受状态破坏的分子机制模拟图 1

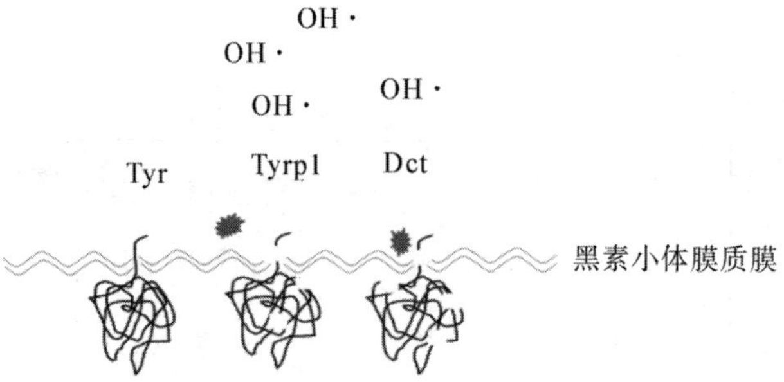

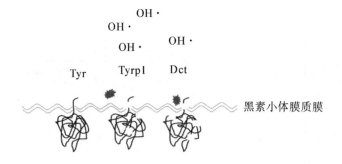

图3-5 黑素小体蛋白免疫耐受状态破坏的分子机制模拟图 2

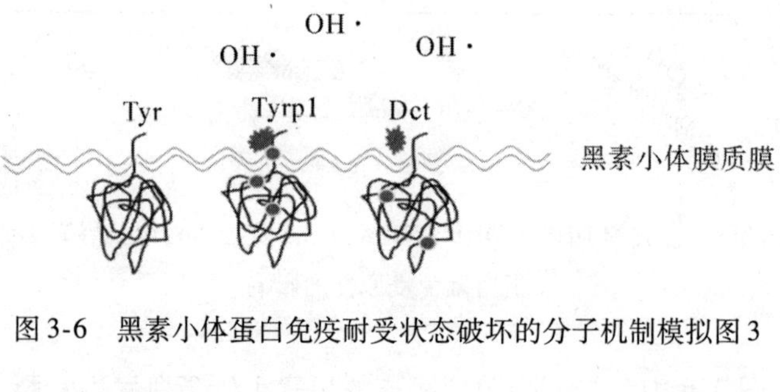

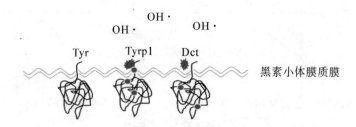

图 3-6 黑素小体蛋白免疫耐受状态破坏的分子机制模拟图 3

3.4 讨　　论

黑素小体的结构为黑素的生化反应提供了一个安全的机械防护屏障，将整个生化反应局限于近似封闭的黑素小体内，通过聚合物中儿茶酚胺和对应醌基团的作用，以最大限度地减少黑素前体物质的细胞毒性和 ROS 生成。此外，黑素细胞同时拥有强大的酶和非酶抗氧化防护机制(如谷胱甘肽过氧化物酶、过氧化氢酶、Fenton 反应等)，以瞬时清除中间产物诱生的活性氧基[1,52-53]。黑素为一组单体吲哚分子(DHI-优黑素和 DHICA-优黑素)，通过共价键连接，并与醌和蛋白质高度聚合而形成的一种异质性聚合物(heterogeneous copolymers)。这两种吲哚分子能以不同比例相互交联(cross-linked)，在共聚合过程中形成 π-堆叠(π-stacked)层状的大分子网络系统[54-56]。其中，DHI-优黑素和 DHICA-优黑素在黑素聚合物中的比例赋予了其强大的抗氧化应激能力[9,57]。我们前期的研究结果表明，Dct 通过促进一定比例的 DHICA 单体掺入到 DHI 聚合骨架中，从而在 DHICA 介导的抗氧化中发挥着重要的调节作用[9]。然而，对黑素小体蛋白与黑素聚合物之间的相互作用及其在高和/或持续的氧化应激状态下，是如何免遭氧化应激损伤，以维持其免疫低反应性的机制仍知之甚少[58]。

最近有学者通过利用原子力显微镜观察墨鱼(Sepia officinalis)黑素颗粒的超微结构时发现，黑素小体由直径 100～200nm 球形实体(entity)集合而成，球形实体表面密集有纤维丝。这一结构特征提示人们在 III 期黑素小体内黑素合成并非随意发生在横嵴的任何部位，很可能取决于黑素生成蛋白被转运至黑素小体内的定植位点，在每个球形实体的内核都拥有一套完整的黑素生成蛋白[59]。因此，我们推测黑素小体蛋白极有可能被包被于黑素小体的各个球形实体的内核中，形成“盾样”屏障结构，以保护蛋白免遭氧化攻击。以往研究一致认为完全黑素化的黑素小体会逐渐分解为黑素颗粒，转运到角质形成细胞后经终末分化至角质层，从而最大限度地发挥光保护和自由基清除作用[60]。然而，H_2O_2 为可穿透大部分细胞膜的中性分子，在表皮黑素单位中，H_2O_2有可能通过被动扩散从角质形成细胞转移至黑素细胞，从而对黑素细胞和黑素小体蛋白造成损伤[61]。

体内外研究已证实H_2O_2在白癜风患者表皮内大量堆积，推测可能与以下情形有关[62]：(1)四氢生物蝶呤的从头合成、再循环与调节异常；(2)儿茶酚胺的合成受损和单胺氧化酶A活性增加；(3)谷胱甘肽过氧化酶活性减低；(4)NADPH氧化酶在炎症反应时发生“氧化爆发”。氧化应激状态下，黑素小体蛋白免疫耐受状态的破坏致使白癜风黑素细胞发生功能障碍甚至破坏，可能为：(1)大量生成的活性氧基分子(尤其是H_2O_2)对已发生聚合的黑素进行高强度的攻击，导致黑素聚合物中吲哚单位发生氧化断裂，使内部隐蔽的抗原表位肽暴露[63]；(2)与吲哚单位相连的黑素小体蛋白发生断裂，生成具有免疫反应性的多肽，如未能即时清除，则氧化修饰后的蛋白片段可能成为半抗原，具有强的免疫原性[64]；(3)DHICA/DHI吲哚单位遭到破坏，丧失其抗氧化能力，甚至可能会表现为促氧化作用。

为进一步阐明黑素在维持黑素小体蛋白免疫低反应性中所发挥的作用，我们推测来源于早期或晚期组分的黑素小体蛋白可能会激发不同的免疫反应，因为早期黑素小体所含色素远少于晚期黑素小体。结果发现，晚期黑素小体蛋白尤其是slaty MC晚期黑素小体蛋白表现为明显的免疫反应性增强，提示slaty MC DHICA/DHI优黑素比例改变可导致促氧化而非抗氧化作用。为进一步验证这一假说，我们将合成的DHI-优黑素和DHICA-优黑素分别与晚期黑素小体蛋白在体外进行孵育，经H_2O_2处理后来测定其抗氧化保护能力，结果发现，与DHI-优黑素孵育的晚期黑素小体蛋白可明显诱导T细胞增殖反应增强和特异性抗晚期黑素小体蛋白血清IgG滴度增高。而且与melan-a MC相比，从slaty MC分离的晚期黑素小体蛋白对氧化应激更为敏感，提示slaty突变(Dct基因编码区第194位精氨酸被谷氨酰胺置换(R194Q))严重影响Dct蛋白立体结构和黑素生成蛋白复合体的稳定性。

至今尚未有人类Dct基因多态性或突变与白癜风易感性相关的

报道。Alonso 等[65]利用基因芯片技术(Affymetrix U133A 2.0)在9个黑素细胞株(5个低色素和4个高色素)及其各自未经紫外线(UV)照射的正常对照，筛选三种黑素生成基因位点(Tyr、Tyrp1、Dct)4-5kb 近侧调节区的差异表达基因，结果显示，在 Dct 启动子上游4.1kb 区域有9个单核苷酸多态性(SNPs)和一个1kb 的插入/缺失(InDel)，它决定着非洲人、欧洲人和亚洲人的肤色差异。在所研究的非洲人群中，Dct 和 Tyrp1 显示出更高的单倍体变异(haplotype diversity)，而在所有研究样本中，Tyr 则表现为相似的单倍体变异。Kingo 等人[66]测定了来源于黑皮质素系统的八个基因和与黑素的生成有关的两个基因(Tyrp1 和 Tyrp2/Dct)的 mRNA 表达情况，从白癜风患者皮损区、非皮损区和正常健康对照个体抽提 RNA，结果显示，与白癜风患者非皮损区和正常对照皮肤相比，白癜风患者皮损区 Dct 和 Tyrp1 基因表达下调；而与正常对照皮肤相比，白癜风患者非皮损区 Dct 和 Tyrp1 基因表达上调。已有的证据表明，在脱色性皮损中尤其是白癜风活动期，存在优黑素/褐黑素比例失调。然而，目前尚不清楚是否白癜风黑素细胞也存在着 DHICA/DHI-优黑素比例失调[67]，因此，准确测定白癜风患者皮损区 DHICA-优黑素和 DHI-优黑素含量变化，对解释 DHICA-优黑素对黑素细胞的抗氧化保护作用就显得至关重要。在多酶复合体中，Dct 通过促进一定比例的 DHICA 单体掺入到 DHI 聚合骨架中，从而在 DHICA 介导的抗氧化中发挥着重要的调节作用。因而在白癜风的发病机制中，Dct 基因的功能调节失调和分子损伤机制还有待我们进一步研究。

以上数据表明，Dct 通过调控 DHICA 单体掺入到 DHI 聚合骨架中的比例影响着黑素的抗氧化能力，而黑素小体蛋白发生氧化修饰则为其免疫耐受状态破坏的先决条件，DHICA 介导的抗氧化在维持黑素小体蛋白免疫低反应性中发挥着重要作用。尽管确定黑素小体蛋白特异性的抗原决定簇非常困难，但从哺乳动物表达系中纯化出重组蛋白并用于检测其免疫诱导作用，对我们更好地理解白癜风的发病机制，针对黑素小体抗原成分开发诱导恶性黑色素瘤细胞免疫破坏的高效价靶向疫苗具有重要意义[68]。

第四章　结　　论

1．Dct 突变严重影响晚期黑素小体的发育成熟，同时致 DHICA-优黑素合成减少，ROS 清除能力减低，尤其是细胞在高氧化应激状态下更为明显。

2．氧化应激状态下，Dct 突变 slaty MC 分离获得的晚期黑素小体蛋白免疫原性发生改变，可诱导和增强免疫应答。

3．Dct 通过促进一定比例的 DHICA 单体掺入到 DHI 聚合骨架中，影响着黑素的抗氧化能力，从而在维持黑素小体蛋白低免疫原性中发挥着重要的作用。

参考文献

[1]Jiang S, Liu X M, Dai X, et al. Regulation of DHICA-mediated Antioxidation by Dopachrome Tautomerase: Implication for Skin Photoprotection Against UVA Radiation[J]. Free Radic Biol Med, 2010, 48(9): 1144-1151.

[2]Boissy R E, Spritz R A. Frontiers and Controversies in the Pathobiology of Vitiligo: Separating the Wheat from the Chaff[J]. Exp Dermatol, 2009, 18(7): 583-585.

[3]Le Poole I C, Wañkowicz-Kaliñska A, van den Wijngarrd R M, et al. Autoimmune Aspects of Depigmentation in Vitiligo[J]. J Invest Dermatol Symp Proc, 2004, 9(1): 69-72.

[4]van den Boorn J G, Konijnenberg D, Dellemijn T A, et al. Autoimmune Destruction of Skin Melanocytes by Perilesional T Cells from Vitiligo Patients[J]. J Invest Dermatol, 2009, 129(9): 2220-2232.

[5]Le Poole I C, Luiten R M. Autoimmune Etiology of Generalized Vitiligo[J]. Curr Dir Autoimmun, 2008, 10: 227-243.

[6]Lee D J, Modlin R L. Breaking Tolerance—Another Piece Added to the Vitiligo Puzzle[J]. J Invest Dermatol, 2005, 124(1): 13-15.

[7]Cario-André M, Pain C, Gauthier Y, et al. The Melanocytorrhagic Hypothesis of Vitiligo Tested on Pigmented, Stressed, Reconstructed Epidermis[J]. Pigment Cell Res, 2007, 20(5): 385-393.

[8]Jimbow K, Chen H, Park J S, et al. Increased Sensitivity of Melanocytes to Oxidative Stress and Abnormal Expression of Tyrosinase-

related Protein in Vitiligo[J]. Br J Dermatol, 2001, 144(1): 55-65.

[9] Maresca V, Roccella M, Roccella F, et al. Increased Sensitivity to Peroxidative Agents as a Possible Pathogenic Factor of Melanocyte Damage in Vitiligo[J]. J Invest Dermatol, 1997, 109(3): 310-313.

[10] Kemp E H, Gavalas N G, Gawkrodger D J, et al. Autoantibody Responses to Melanocytes in the Depigmenting Skin Disease Vitiligo[J]. Autoimmun Rev, 2007, 6(3): 138-142.

[11] Steitz J, Wenzel J, Gaffal E, et al. Initiation and Regulation of CD8 + T Cells Recognizing Melanocytic Antigens in the Epidermis: Implications for the Pathophysiology of Vitiligo[J]. Eur J Cell Biol, 2004, 83(11/12): 797-803.

[12] Al Badri A M, Foulis A K, Todd P M, et al. Abnormal Expression of MHC Class II and ICAM-1 by Melanocytes in Vitiligo[J]. J Pathol, 1993, 169(2): 203-206.

[13] Vidali M, Hietala J, Occhino G, et al. Immune Responses Against Oxidative Stress-derived Antigens are Associated with Increased Circulating Tumor Necrosis Factor-alpha in Heavy Drinkers [J]. Free Radic Biol Med, 2008, 45(3): 306-311.

[14] Costin G E, Vieira W D, Valencia J C, et al. Immortalization of Mouse Melanocytes Carrying Mutations in Various Pigmentation Genes[J]. Anal Biochem, 2004, 335(1): 171-174.

[15] Costin G E, Valencia J C, Wakamatsu K, et al. Mutations in Dopachrome Tautomerase (Dct) Affect Eumelanin/pheomelanin Synthesis, but do not Affect Intracellular Trafficking of the Mutant Protein[J]. Biochem J, 2005, 391(pt2): 249-259.

[16] Guyonneau L, Murisier F, Rossier A, et al. Melanocytes and Pigmentation are Affected in Dopachrome Tautomerase Knockout Mice[J]. Mol Cell Biol, 2004, 24(8): 3396-3403.

[17] Novellino L, Napolitano A, Prota G. 5, 6-Dihydroxyindoles in

the Fenton Reaction: A Model Study of the Role of Melanin Precursors in Oxidative Stress and Hyperpigmentary Processes[J]. Chem Res Toxicol, 1999, 12(10): 985-992.

[18] Hirobe T, Abe H. The Slaty Mutation Affects the Morphology and Maturation of Melanosomes in the Mouse Melanocytes[J]. Pigment Cell Res, 2006, 19(5): 454-459.

[19] Bennett D C, Cooper P J, Hart I R. A Line of Non-tumorigenic Mouse Melanocytes, Syngeneic with the B16 Melanoma and Requiring a Tumor Promoter for Growth[J]. Int J Cancer, 1987, 39(3): 414 - 418.

[20] Lei T C, Virador V M, Vieira W D, et al. A Melanocyte-keratinocyte Coculture Model to Assess Regulators of Pigmentation in Vitro[J]. Anal Biochem, 2002, 305(2): 260-268.

[21] Hoogduijn M J, Cemeli E, Ross K, et al. Melanin Protects Melanocytes and Keratinocytes Against H_2O_2-induced DNA Strand Breaks Through Its Ability to Bind Ca2 + [J]. Exp Cell Res, 2004, 294(1): 60-67.

[22] Huang X, Zhuang J, Teng X, et al. The Promotion of Human Malignant Melanoma Growth by Mesoporous Silica Nanoparticles Through Decreased Reactive Oxygen Species[J]. Biomaterials, 2010, 31(24): 6142-6153.

[23] Kushimoto T, Basrur V, Valencia J, et al. A Model for Melanosome Biogenesis Based on the Purification and Analysis of Early Melanosomes[J]. Proc Natl Acad Sci USA. 2001, 98(19): 10698-10703.

[24] Ando H, Ryu A, Hashimoto A, et al. Linoleic Acid and α-linolenic Acid Lightens Ultraviolet-induced Hyperpigmentation of the Skin[J]. Arch Dermatol Res, 1998, 290(7): 375-381.

[25] Michard Q, Commo S, Rocchetti J, et al. TRP-2 Expression Protects HEK Cells from Dopamine and Hydroquinone-induced Toxicity[J]. Free Radic Biol Med, 2008, 45(7): 1002-1010.

[26] Nishioka E, Funasaka Y, Kondoh H, et al. Expression of Tyrosinase, TRP-1 and TRP-2 in Ultraviolet-irradiated Human Melanomas and Melanocytes: TRP-2 Protects Melanoma Cells from Ultraviolet B Induced Apoptosis[J]. Melanoma Res, 1999, 9(5): 433-443.

[27] Lei T C, Virador V, Yasumoto K, et al. Stimulation of Melanoblast Pigmentation by 8-methoxypsoralen: the Involvement of Microphthalmia-associated Transcription Factor, the Protein Kinase a Signal Pathway, and Proteasome-mediated Degradation[J]. J Invest Dermatol, 2002, 119(6): 1341-1349.

[28] Setaluri V. The Melanosome: Dark Pigment Granule Shines Bright Light on Vesicle Biogenesis and More[J]. J Invest Dermatol, 2003, 121(4): 650-660.

[29] Boissy R E. Melanosome Transfer to and Translocation in the Keratinocytes[J]. Exp Dermatol, 2003, 12(2): 5-12.

[30] Imokawa G. Autocrine and Paracrine Regulation of Melanocytes in Human Skin and in Pigmentary Disorders[J]. Pigment Cell Res, 2004, 17(2): 96 - 110.

[31] Hearing V J. Biogenesis of Pigment Granules: A Sensitive Way to Regulate Melanocyte Function[J]. J Dermatol Sci, 2005, 37(1): 3-14.

[32] Gidanian S, Mentelle M, Meyskens Jr F L, et al. Melanosomal Damage in Normal Human Melanocytes Induced by UVB and Metal uptake—A Basis for the Pro-oxidant State of Melanoma[J]. Photochem Photobiol, 2008, 84(3): 556-564.

[33] Hearing V J. Biogenesis of Pigment Granules: A Sensitive Way to Regulate Melanocyte Function[J]. J Dermatol Sci, 2005, 37(1): 3-14.

[34] Rad H H, Yamashita T, Jin H Y, Hirosaki K, et al. Tyrosinase-related Proteins Suppress Tyrosinase-mediated Cell Death of Melanocytes and Melanoma Cells[J]. Exp Cell Res, 2004, 15

(2): 317-328.

[35]Lei T C, Scott D W. Induction of Tolerance to Factor VIII Inhibitors by Gene Therapy with Immunodominant A2 and C2 Domains Presented by B Cells as Ig Fusion Proteins[J]. Blood, 2005, 105(12): 4865-4870.

[36]Lei T C, Su Y, Scott D W. Tolerance Induction via a B-cell Delivered Gene Therapy-based Protocol: Optimization and Role of the Ig Scaffold[J]. Cell Immunol, 2005, 235(1): 12-20.

[37]Parks G D, Alexander-Miller M A. High Avidity Cytotoxic T Lymphocytes to a Foreign Antigen are Efficiently Activated Following Immunization with a Recombinant Paramyxovirus, Simian Virus 5[J]. J Gen Virol, 2002, 83(pt5): 1167-1172.

[38]Halder R M, Chappell J L. Vitiligo Update[J]. Semin Cutan Med Surg, 2009, 28(2): 86-92.

[39]Guerra L, Dellambra E, Brescia S, et al. Vitiligo: Pathogenetic Hypotheses and Targets for Current Therapies[J]. Curr Drug Metab, 2010, 11(5): 451-467.

[40]Kroll T M, Bommiasamy H, Boissy R E, et al. 4-Tertiary Butyl Phenol Exposure Sensitizes Human Melanocytes to Dendritic Cell-mediated Killing: Relevance to Vitiligo[J]. J Invest Dermatol, 2005, 124(4): 798-806.

[41]Daneshpazhooh M, Mostofizadeh G M, Behjati J, et al. Anti-thyroid Peroxidase Antibody and Vitiligo: a Controlled Study[J]. BMC Dermatol, 2006, 6: 3. DOI: 10. 1186/1471-5945-6-3.

[42]Michelsen D. The Double Strike Hypothesis of the Vitiligo Pathomechanism: New Approaches to Vitiligo and Melanoma[J]. Med Hypotheses, 2010, 74(1): 67-70.

[43]Overwijk W W, Lee D S, Surman D R, et al. Vaccination with a Recombinant Vaccinia Virus Encoding a “self” Antigen Induces Autoimmune Vitiligo and Tumor Cell Destruction in Mice: Requirement for CD4 + T Lymphocytes[J]. Proc Natl Acad Sci

USA, 1999, 96(6): 2982-2987.
[44] Cui J, Arita Y, Bystryn J C. Characterization of Vitiligo Antigens [J]. Pigment Cell Res, 1995, 8(1): 53-59.
[45] Kemp E H, Gavalas N G, Gawkrodger D J, et al. Autoantibody Responses to Melanocytes in the Depigmenting Skin Disease Vitiligo[J]. Autoimmun Rev, 2007, 6(3): 138-142.
[46] Palermo B, Campanelli R, Garbelli S, et al. Specific cytotoxic T Lymphocyte Responses Against Melan-A/MART1, Tyrosinase and gp100 in Vitiligo by the Use of Major Histocompatibility Complex/peptide Tetramers: the Role of Cellular Immunity in the Etiopathogenesis of Vitiligo[J]. J Invest Dermatol, 2001, 117(2): 326-332.
[47] Klarquist J, Denman C J, Hernandez C, et al. Reduced Skin Homing by Functional Treg in Vitiligo[J]. Pigment Cell Melanoma Res, 2010, 23(2): 276-286.
[48] Klarquist J, Denman C J, Hernandez C, et al. Reduced Skin Homing by Functional Treg in Vitiligo[J]. Pigment Cell Melanoma Res, 2010, 23(2): 276-286.
[49] Duthoit C, Estienne V, Giraud A. Hydrogen Peroxide-induced Production of a 40 kDa Immunoreactive Thyroglobulin Fragment in Human Thyroid Cells: the Onset of Thyroid Autoimmunity? [J] Biochem J, 2001, 360(Pt 3): 557-562.
[50] Spencer J D, Gibbons N C, Rokos H, et al. Oxidative Stress via Hydrogen Peroxide Affects Proopiomelanocortin Peptides Directly in the Epidermis of Patients with Vitiligo [J]. J Invest Dermatol, 2007, 127(2): 411-420.
[51] Ozeki H, Wakamatsu K, Ito S, et al. Chemical Characterization of Eumelanins with Special Emphasis on 5, 6-dihydroxyindole-2-carboxylic Acid Content and Molecular Size[J]. Anal Biochem, 1997, 248(1): 149-157.
[52] Charkoudian L K, Franz K J. Fe(III)-coordination Properties of

Neuromelanin Components: 5, 6-dihydroxyindole and 5, 6-dihydroxyindole- 2-carboxylic Acid [J]. Inorg Chem, 2006, 45 (9): 3657-3664.

[53] Hasse S, Gibbons N C, Rokos H, et al. Perturbed 6-tetrahydrobiopterin Recycling via Decreased Dihydropteridine Reductase in Vitiligo: More Evidence for H_2O_2 Stress [J]. J Invest Dermatol, 2004, 122(2): 307-313.

[54] Tran M L, Powell B J, Meredith P. Chemical and Structural Disorder in Eumelanins: A Possible Explanation for Broadband Absorbance[J]. Biophys J, 2006, 90(3): 743-752.

[55] Meredith P, Sarna T. The Physical and Chemical Properties of Eumelanin[J]. Pigment Cell Res, 2006, 19(6): 572-594.

[56] Pezzella A, Iadonisi A, Valerio S, et al. Disentangling Eumelanin "Black Chromophore": Visible Absorption Changes as Signatures of Oxidation State- and Aggregation-dependent Dynamic Interactions in a Model Water-soluble 5, 6- dihydroxyindole Polymer [J]. J Am Chem Soc, 2009, 131(42): 15270-15275.

[57] Olivares C, Jimenez-Cervantes C, Lozano J A, et al. The 5, 6-dihydroxyindole- 2-carboxylic Acid (DHICA) Oxidase Activity of Human Tyrosinase[J]. Biochem J, 2001, 354(pt1): 131-139.

[58] Donatien P D, Orlow S J. Interaction of Melanosomal Proteins with Melanin[J]. Eur J Biochem, 1995, 232(1): 159-164.

[59] Clancy C, Simon J D. Ultrastructural Organization of Eumelanin from Sepia Officinalis Measured by Atomic Force Microscopy[J]. Biochemistry, 2001, 40(44): 13353-13360.

[60] Thong H Y, Jee S H, Sun C C, et al. The Pattern of Melanosome Distribution in Keratinocytes of Human Skin as One Determing Factor of Skin Colour[J]. Br J Dermatol, 2003, 149(3): 498-505.

[61] Pelle E, Mammone T, Maes D, et al. Keratinocytes Act as a Source of Reactive Oxygen Species by Transferring Hydrogen Per-

oxide to Melanocytes[J]. J Invest Dermatol, 2005, 124(4): 793-797.

[62] Schallreuter K U, Moore J, Wood, J M, et al. In Vivo and in Vitro Evidence for hydrogen Peroxide (H_2O_2) Accumulation in the Epidermis of Patients with Vitiligo and Its Successful Removal by a UVB-activated Pseudocatalase[J]. J Investig Dermatol Symp Proc, 1999, 4(1): 91-96.

[63] Salinas C, Garcia-Borron J C, Solano F, et al. Dopachrome Tautomerase Decreases the Binding of Indolic Melanogenesis Intermediates to Proteins[J]. Biochim Biophys Acta, 1994, 1204(1): 53-60.

[64] Urabe K, Aroca P, Tsukamoto K, et al. The Inherent Cytotoxicity of Melanin Precursor: A Revision[J]. Biochim Biophys Acta, 1994, 1221(3): 272-278.

[65] Alonso S, Izagirre N, Smith-Zubiaga I. Complex Signatures of Selection for the Melanogenic Loci TYR, TYRP1 and DCT in Humans[J]. BMC Evol Biol, 2008, 8: 74.

[66] Kingo K, Aunin E, Karelson M, et al. Gene Expression Analysis of Melanocortin System in Vitiligo[J]. J Dermatol Sci, 2007, 48(2): 113-122.

[67] Parsad D, Wakamatsu K, Kanwar A J, et al. Eumelanin and Phaeomelanin Contents of Depigmented and Repigmented Skin in Vitiligo Patients[J]. Br J Dermatol, 2003, 149(3): 624-626.

[68] Norton D L, Haque A. Insights into the Role of GILT in HLA Class II Antigen Processing and Presentation by Melanoma[J]. J Oncol, 2009, 2009: 1-8.

致　谢

在武汉大学第一临床学院三年的研究生学习是我人生的重要时期，在此，我要衷心地感谢我的恩师雷铁池教授。回想起三年前的迷茫到如今课题的完成，从实验设计规划、实验关键步骤的指导及示教、论文的撰写、科研思维的训练，导师都无不倾注了大量的时间和心血。从与雷老师相识至今，我觉得他在工作中能勇于追求真理，知识面博而精，并言传身教地给予了每位学生在研究生阶段临床和科研方面系统的训练，他严谨求实的精神、认真负责的态度影响着身边的每位学生、老师甚至患者。在生活上，他心胸豁达，凡事包容且多才多艺，能及时洞悉学生的心理状态并予以正确疏导，对生活困难及特殊情况的同学更是予以了无微不至的照顾。虽与雷老师相识相处只历时三载，却犹如甘醇美酒，细细品味只言片语也令人难以忘怀。在这里我想说，认识你真的很幸运！

衷心感谢武汉大学人民医院皮肤科徐世正教授，对于我们工作学习期间的疏忽过错总能宽容和蔼地给予纠正与帮助，并以个人的自身魅力潜移默化地影响着我们，不仅在临床上给予无私的教导，更教会我们做医生的职业操守，同时帮助我们树立积极的学习态度、严谨求实的作风和谦逊为人的品质。

衷心感谢我的恩师盛晚香教授在硕士三年学习阶段对我的精心指导、谆谆教诲和殷切关怀。导师严谨求实的治学态度、高尚正直的品格、崇高的敬业精神将催我奋进，让我受益终身。

衷心感谢蔡桂荣护士长和丁虹、郭萍等老师对我实验的理解与无私帮助。衷心感谢付继成、胡萍、梁虹、陆玲、方春红等带教老师在临床实习期间对我的悉心指导与帮助，以及皮肤科全体医护人员在我实验、学习和临床上的无私关怀和热心帮助。

衷心感谢江珊、史赢、王雄、佘小光、范志峰、罗龙飞、黄望强、塔哈、万静、张波、何小蕾、贾海燕、徐清、徐万汶、黄琳等同窗好友对我学习和生活上的关心和帮助。

衷心感谢武汉大学第一临床学院研究生办公室林青主任、刘志勇老师、罗瑾老师、周清泉老师的关心、支持和指导！

最后我要特别感谢我的父母及家人给予我学习和生活上的支持和照顾，使我得以完成学业。

武汉大学优秀博士学位论文文库

已出版：

- 基于双耳线索的移动音频编码研究 / 陈水仙　著
- 多帧影像超分辨率复原重建关键技术研究 / 谢伟　著
- Copula函数理论在多变量水文分析计算中的应用研究 / 陈璐　著
- 大型地下洞室群地震响应与结构面控制型围岩稳定研究 / 张雨霆　著
- 迷走神经诱发心房颤动的电生理和离子通道基础研究 / 赵庆彦　著
- 心房颤动的自主神经机制研究 / 鲁志兵　著
- 氧化应激状态下维持黑素小体蛋白低免疫原性的分子机制研究 / 刘小明　著
- 实流形在复流形中的全纯不变量 / 尹万科　著
- MITA介导的细胞抗病毒反应信号转导及其调节机制 / 钟波　著
- 图书馆数字资源选择标准研究 / 唐琼　著
- 年龄结构变动与经济增长：理论模型与政策建议 / 李魁　著
- 积极一般预防理论研究 / 陈金林　著
- 海洋石油开发环境污染法律救济机制研究 / 高翔　著
  ——以美国墨西哥湾漏油事故和我国渤海湾漏油事故为视角
- 中国共产党人政治忠诚观研究 / 徐霞　著
- 现代汉语属性名词语义特征研究 / 许艳平　著
- 论马克思的时间概念 / 熊进　著
- 晚明江南诗学研究 / 张清河　著